人力资源和社会保障部职业能力建设司推荐
冶金行业职业教育培训规划教材

烧结生产安全知识

肖 扬 主编

北 京

冶金工业出版社

2015

内 容 提 要

　　本书内容包括烧结生产安全基本知识、安全管理组织机构及安全生产责任制、安全生产规章制度、安全生产检查与隐患整改等，并结合烧结厂生产现状，对主要危害因素进行辨识与分析，介绍了危险源和危险作业的管控，事故应急预案和救援，收集了烧结生产过程主要（典型）生产安全事故案例并对其进行分析，对安全生产标准化建设做了简单的介绍。

　　本书适合作为烧结厂各级安全生产管理部门及干部职工培训学习的教材。

图书在版编目（CIP）数据

　　烧结生产安全知识/肖扬主编 . —北京：冶金工业出版社，2015. 10

　　冶金行业职业教育培训规划教材

　　ISBN 978-7-5024-7081-4

　　Ⅰ. ①烧…　　Ⅱ. ①肖…　　Ⅲ. ①烧结—安全生产—职业教育—教材　　Ⅳ. ①TF046. 4

　　中国版本图书馆 CIP 数据核字（2015）第 242274 号

出 版 人　谭学余
地　　址　北京市东城区嵩祝院北巷 39 号　邮编　100009　电话　（010）64027926
网　　址　www. cnmip. com. cn　电子信箱　yjcbs@ cnmip. com. cn
责任编辑　王雪涛　宋　良　美术编辑　吕欣童　版式设计　孙跃红
责任校对　郑　娟　责任印制　牛晓波
ISBN 978-7-5024-7081-4
冶金工业出版社出版发行；各地新华书店经销；固安华明印业有限公司印刷
2015 年 10 月第 1 版，2015 年 10 月第 1 次印刷
787mm×1092mm　1/16；12.75 印张；337 千字；193 页
35. 00 元

冶金工业出版社　投稿电话　（010）64027932　投稿信箱　tougao@ cnmip. com. cn
冶金工业出版社营销中心　电话　（010）64044283　传真　（010）64027893
冶金书店　地址　北京市东四西大街 46 号（100010）　电话　（010）65289081（兼传真）
冶金工业出版社天猫旗舰店　yjgycbs. tmall. com

（本书如有印装质量问题，本社营销中心负责退换）

前　言

　　安全，事关职工的生命，事关企业的命运，事关国家的信誉和形象。无论是国家的政治经济发展的需要，还是企业、员工的要求，安全工作必须全员参与、持续改进、永不懈怠。近年来，随着社会经济的发展，企业的安全生产总体水平得到了大幅提高，事故总量和死亡人数逐年下降，但是安全生产形势依然严峻。一是伤亡事故多发，二是职业危害严重，三是安全生产基础依然薄弱，四是安全监管监察保障能力低，法规标准、科学技术、应急救援等支撑体系尚不健全。

　　随着工业化、信息化、城镇化、市场化、国际化快速推进，当前的安全生产面临许多新的挑战。2014 年 12 月 1 日起施行的《中华人民共和国安全生产法》进一步明确了坚持"安全第一、预防为主、综合治理"的安全生产方针，强化和落实生产经营单位的主体责任，建立生产经营单位负责、职工参与、政府监管、行业自律和社会监督的机制。作为企业，抓好安全是对职工的爱护、是对家属的承诺、是对社会的责任。

　　近年来，党、国家和社会各界对我国钢铁企业的安全生产问题给予了普遍关注，新《中华人民共和国安全生产法》将金属冶炼新增为高危行业也充分说明对钢铁企业安全的重视，各级各部门领导都高度重视钢铁企业的安全生产工作，把关注员工生命健康作为第一要务，积极贯彻方针政策，不断吸取管理经验，探索管理新思路，钢铁企业的安全管理水平不断提高。

　　烧结工序作为钢铁企业的前道工序，具有安全管理涉及面广、危害因素种类多、人员及设备分布广、生产及检修矛盾突出、受自然条件约束较多等特点。我国烧结行业设备装备水平、人员素质和安全管理水平同国外先进的企业相比较还有一些差距。本着安全发展以人为本的宗旨，我们在探讨和研究国内外烧结企业的安全形势的前提下，结合烧结生产的实际特点，编写了本书，便于烧结厂各级安全生产管理人员及员工进行培训学习。其中包括烧结生产安全基本知识、安全管理组织机构及安全生产责任制、安全生产规章制度、安全生产检查与隐患整改等，并结合烧结厂生产现状，对主要危害因素进行辨识与分析，介绍了危险源和危险作业的管控，事故应急预案和救援，搜集了烧结生产过程主要（典型）生产安全事故案例并进行分析，对安全生产标准化建设进行了简单的介绍。

本书由肖扬主编，杨志、李军、吴志清副主编，参加初稿编写工作的还有罗之礼、陈宝军、罗望平、任煜、范维国、朱诗军、王国胜、刘志斌、张健、余明；焦艳伟、钟强、张姣负责初稿的修编、整理和终稿的审定工作。

在编写过程中，我们参阅了有关安全管理、烧结安全生产等方面的大量文献资料，在此向有关作者及出版单位深表感谢。

本书力求结合实际、科学、准确。由于作者水平有限，内容可能还不够完善，不足之处恳请广大读者及业界同仁多提宝贵意见，以便进一步丰富和完善。

编 者

2015 年 7 月

目　录

1 烧结生产安全基本知识

1.1 烧结生产概述

烧结是目前使用最广泛的铁矿粉造块工艺。烧结生产具有设备投资少、对原料要求低、产量高、质量好、生产成本低等优点，是钢铁企业主体生产线上不可缺少的重要工序。烧结生产是炼铁生产的前工序，许多物理化学反应（如整粒、脱除有害杂质等）都在入炉前进行。烧结生产的产品是烧结矿。品位高、有害杂质含量低、粒度适宜、物理性能化学成分稳定的烧结矿，在很大程度上决定了高炉生产的各项技术经济指标和生铁质量。

1.1.1 烧结生产简介

烧结生产是将添加一定数量燃料的粉状物料（如粉矿、精矿、熔剂及综合利用料）进行高温加热，在不完全熔化的条件下烧结成块，生产物理化学性能满足高炉冶炼要求的人造块状原料的过程。细粒物料的固结主要靠固相扩散及颗粒表面软化、局部熔化实现，这是烧结过程的基本原理。

据资料记载，1949 年以前全国有烧结机 10 台，总面积 $330m^2$，烧结矿最高年产量（1943 年）为 24.7 万吨。进入 21 世纪后，我国烧结行业发展进入繁荣期。在此期间，一大批大型烧结机建成投产，采用了新工艺、新技术、新设备并进行了大量研究。高铁低硅烧结、新型点火、偏析布料、超高料层烧结、降低漏风技术被广泛应用；余热回收利用、烟气净化技术在大部分钢铁企业获得应用。2009 年我国烧结矿产量超过 6 亿吨，2012 年达到 8 亿吨。我国烧结不仅在产量上遥遥领先世界其他国家，而且一批重点大中型企业的技术经济指标也跨入世界先进行列。

带式抽风烧结是目前国内外广泛采用的烧结矿生产工艺，这类烧结工艺具有劳动生产率高，机械化程度高，便于自动化控制，劳动条件较好，对原料适应性强和便于大规模生产等优点。

图 1-1 所示为典型的带式抽风烧结工艺流程。这种流程将所有的铁矿粉在原料场进行混匀，在烧结矿冷却前进行热破碎，并在烧结矿成品处理上设置筛分整粒和冷矿破碎工艺，使成品烧结矿的粒级更均匀，粉末更少。

1.1.2 烧结生产主要设备

典型的带式抽风烧结生产主要设备包括：原料准备设备、配料混合设备、烧结设备、烧结矿成品处理设备及环境保护设备。

1.1.2.1 原料准备设备

原料准备设备包括受料设备、混匀设备、原料加工设备和运输设备等。

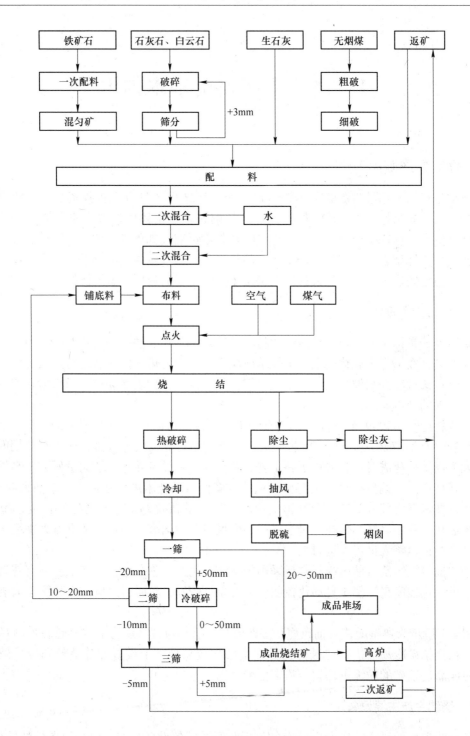

图 1-1 典型的烧结工艺流程

A 受料设备

受料设备主要有翻车机、卸料机、抓斗吊车等，主要功能是卸载采用火车、汽车、轮船等运输的原料。

B 混匀设备

混匀设备主要有矿槽、胶带电子秤、堆取料机,主要功能是将同类别不同品种的原料按所规定的配比进行中和、混匀,制成单品种原料,有利于烧结矿质量的稳定。

C 原料加工设备

原料加工设备主要有破碎机、筛分设备,主要功能是将烧结用熔剂和燃料进行破碎,使熔剂和燃料在粒度上满足烧结工艺要求。

D 运输设备

运输设备主要有板式给料机、圆盘给料机、胶带运输机、斗式提升机等,主要功能是运输原料和衔接烧结上下工序。

1.1.2.2 配料混合设备

配混设备包括配料设备、混匀设备和制粒设备。

A 配料设备

配料设备主要有配料矿槽、圆盘给料机、胶带运输机、胶带电子秤、自动配料设备等,主要功能是将不同品种原料按规定的配比配成混合料,在化学成分上满足高炉需求、在燃料配比上满足烧结要求。

B 混匀设备

混匀设备主要有圆筒混合机、强力混匀机、混匀搅拌机等,主要功能是将混合料混匀、润湿,使混合料充分混匀,其加水量达到所要求水分值的80%以上。

C 制粒设备

制粒设备主要有圆筒混合机、圆盘造球机等,主要功能是对混合料进行制粒造球,使混合料中大于6.3mm粒级的含量最大化,并为混合料补水,使混合料的水分达到规定指标。

1.1.2.3 烧结设备

烧结设备包括布料设备、点火设备、烧结机、破碎设备、抽风设备等。

A 布料设备

布料设备主要有烧结料矿槽、圆辊给料机及辊式布料器等,主要功能是将铺底料和烧结料均匀地布在烧结机台车上,在布料高度和料面平度上满足烧结工艺的要求。

B 点火设备

点火设备主要有空气、煤气管道和阀门、点火炉本体及检测、控制装置,主要功能是供给烧结料表层足够的热量和氧气、使混合料中的固体燃料燃烧。

C 烧结机

烧结机设备主要有台车、烧结机传动部分、轨道和润滑系统,主要功能是将台车上烧结料在抽风条件下烧结成烧结饼。

D 破碎设备

破碎设备的主要功能是破碎烧结机台车卸下的烧结饼。

E 抽风设备

抽风设备主要有抽风机、风箱和烟道等,主要功能是为烧结提供足够的氧气。

1.1.2.4 烧结矿成品处理设备

烧结矿成品处理设备包括冷却设备、破碎设备、筛分设备等。

A 冷却设备

冷却设备主要由冷却机和风机组成，主要功能是将平均温度为 600℃ 以上的烧结饼冷却到150℃以下。

B 破碎设备

破碎设备以齿辊破碎机为主，主要功能是将大块烧结饼破碎为 100mm 以下，以满足高炉对炉料的上限要求。

C 筛分设备

筛分设备以振动筛为主，主要功能是按料度要求将烧结饼分为成品、铺底料和返矿。

1.1.2.5 环境保护设备

环境保护设备包括电除尘设备、布袋除尘设备、脱硫和脱硝设备等，主要功能是净化烧结过程的烟气和收集粉尘，以达到符合国家排放标准、改善岗位劳动环境的目的。

由于烧结生产是一个连续的作业过程，所以上述各系统设备相互关联，缺一不可，共同发挥功效，完成整个烧结生产过程，获得满足高炉要求的优质烧结矿。

1.1.3 烧结生产主要作业

1.1.3.1 烧结原料准备作业

烧结原料包括含铁原料、碱性熔剂、固体燃料。

含铁原料品种繁多，而且品位相差悬殊，用量也最大。通常含铁原料在烧结原料场或原料仓库储存，以保证其化学成分和物理性能稳定。

烧结使用的碱性熔剂通常有石灰石、白云石、蛇纹石、菱镁石、消石灰、生石灰等。熔剂也需分品种进行储存。其中，石灰石、白云石、蛇纹石、菱镁石、生石灰等根据烧结工艺要求，必须经过加工处理，粒度才能符合要求。

烧结常用的固体燃料主要有焦炭、无烟煤，其堆放储存在专用仓库或场地，必须经过加工处理，粒度才能符合要求。

烧结原料准备是一个细致、繁琐、复杂的过程，有的品种需要进行加工处理，以满足烧结工艺要求。所经过的工序、岗位很多，使用的设备比较复杂，自动化程度也较高。

烧结原料加工准备的主要作用有：

(1) 对烧结原料进行接收、储存，保证烧结原料的正常供给，使烧结生产顺利进行。

(2) 对烧结原料进行中和混匀，使烧结原料的化学成分稳定、均匀、波动小，能更好地满足高炉冶炼的要求。

(3) 对烧结原料进行破碎加工作业，使烧结原料的粒度满足烧结要求，有利于烧结过程进行，改善烧结矿质量，降低能耗。

1.1.3.2 配料作业

配料作业是根据烧结矿的技术标准和原料的物理化学成分，将各种含铁原料、熔剂相燃料按一定的比例进行配合。

配料作业内容主要有：

（1）设备巡检作业；

（2）处理圆盘下料口堵杂物或压料作业；

（3）处理配料小胶带压料打滑等故障作业；

（4）清理矿槽黏结料作业。

1.1.3.3　混合制粒作业

混合制粒作业是将精确配料后的混合料加水润湿、制粒。

混合制粒作业内容主要有：

（1）设备巡检作业；

（2）处理混合机筒体内壁黏结料的作业。

1.1.3.4　烧结机作业

烧结机作业是将经过混合制粒的混合料布到烧结机台车上进行点火并烧结成矿。

烧结机作业包括：

（1）烧结机巡检作业；

（2）布料作业；

（3）点火（关火）作业；

（4）台车点检作业；

（5）处理辊式给料机卡杂物的作业；

（6）排整炉箅条的作业；

（7）清理小格箅板作业；

（8）清理大烟道积料和杂物的作业；

（9）更换台车作业。

1.1.3.5　成品处理系统作业

较完善的烧结矿成品处理系统主要包括烧结矿的热破碎、冷却、冷破碎、整粒筛分等。各工序之间以漏斗和胶带运输机相互连接，形成较紧凑的生产系统。

成品处理系统作业包括：

（1）处理单辊堵料作业；

（2）处理单辊溜槽堵料作业；

（3）环式冷却机（带冷）设备巡检作业；

（4）处理环冷（带冷）漏斗堵作业；

（5）处理环冷（带冷）卸灰阀堵料作业；

（6）环冷小车放灰作业；

（7）处理环冷机压料、烟道清料作业；

（8）齿辊破碎机巡检作业。

1.1.3.6　环保系统作业

环保系统作业主要包括电除尘器作业、布袋除尘器作业和脱硫作业。

电除尘器有以下一些日常作业：

（1）电除尘器投运前的巡检作业；

（2）电除尘器清理维护作业；

（3）处理电除尘器电场接地作业。

布袋除尘器有以下一些日常作业：

（1）布袋除尘器巡检作业；

（2）更换布袋作业。

烟气脱硫作业主要是脱硫设备巡检作业。

1.2　烧结安全管理概述

安全是人类最重要和最基本的需求。安全生产既是人们生命健康的保证，也是企业生存与发展的基础，更是社会稳定和经济发展的前提和条件。

1.2.1　安全理论基本知识

1.2.1.1　安全的概念

安全是指免除了不可接受损害风险的一种状态，即消除能导致人员伤害，发生疾病、死亡或造成设备财产破坏、损失，以及危害环境的条件。生产过程中的安全，即安全生产，指的是"不发生工伤事故、职业病、设备或财产损失"。

工程上的安全性是用概率表示的近似客观量，用以衡量安全的程度。

系统工程中的安全概念，认为世界上没有绝对安全的事物，任何事物中都包含有不安全因素，具有一定的危险性。安全是一个相对的概念，危险是对安全性的隶属度；当危险性低于某种程度时，人们就认为是安全的。安全工作贯穿于系统整个寿命期间。

本质安全是指通过设计等手段使生产设备或生产系统本身具有安全性，即使在误操作或者发生故障的情况下也不会造成事故。具体包括两个方面的内容：

（1）失误—安全功能。指操作者即使操作失误，也不会发生事故或伤害，或者说设备、设施和技术工艺本身具有自动防止人的不安全行为的功能。

（2）故障—安全功能。指设备、设施或生产工艺发生故障或损坏时，还能暂时维持正常工作或自动转变为安全状态。

上述两种安全功能应该是设备、设施和技术工艺本身固有的，即在它们的规划设计阶段就被纳入其中，而不是事后补偿。本质安全是生产中"预防为主"的根本体现，也是安全生产的最高境界。实际上，由于技术、资金和人们对事故的认识等方面的原因，目前还很难做到本质安全，只能作为追求的目标。

1.2.1.2　危险

A　危险的概念

根据系统安全工程的观点，危险是指系统中存在导致发生不期望后果的可能性超过了人的承受程度。从危险的概念可以看出，危险是人们对事物的具体认识，必须指明具体对象，如危险环境、危险条件、危险状态、危险物质、危险人员、危险因素等。

一般用风险度来表示危险的程度。在安全生产管理中，风险用生产系统中事故发生的可能性与严重性的结合给出，即：

$$R = f(F,C) \tag{1-1}$$

式中　R——风险；

　　　F——发生事故的可能性；

　　　C——发生事故的严重性。

从广义上讲，风险可以分为自然风险、社会风险、经济风险、技术风险和健康风险五类。而对于安全生产的日常管理，风险可分为人、机、环境、管理四类风险。

安全性：系统在可接受的最小事故损失条件下发挥其功能的一种品质。

B　危险源

从安全生产角度解释，危险源是指可能造成人员伤害和疾病、财产损失、作业环境破坏或其他损失的根源或状态。

根据危险源在事故发生、发展中的作用，一般把危险源划分为两大类，即第一类危险源和第二类危险源。

第一类危险源是指生产过程中存在的，可能发生意外释放的能量，包括生产过程中各种能量源、能量载体或危险物质。第一类危险源决定了事故后果的严重程度，它具有的能量越多，发生事故后果越严重。

第二类危险源是指导致能量或危险物质约束或限制措施破坏或失效的各种因素，广义上包括物的故障、人的失误、环境不良以及管理缺陷等因素。第二类危险源决定了事故发生的可能性，它出现越频繁，发生事故的可能性越大。

从上述意义上讲，危险源可以是一次事故、一种环境、一种状态的载体，也可以是可能产生不期望后果的人或物。比如：危险化学品在生产、储存、运输和使用过程中，可能发生泄漏、引起中毒、火灾或爆炸事故，因此充装了危险化学品的储罐是危险源；一个携带感冒病毒的人，可能造成与其有过接触的人患上感冒，因此携带感冒病毒的人是危险源；操作过程中，没有完善的操作标准，可能使员工出现不安全行为，因此没有操作标准是危险源。

C　重大危险源

为了对危险源进行分级管理，防止重大事故的发生，提出了重大危险源的概念。广义上说，可能导致重大事故发生的危险源就是重大危险源。

我国新颁布的标准《危险化学品重大危险源辨识》（GB 18218—2009）和《中华人民共和国安全生产法》（以下简称《安全生产法》）对重大危险源做出了明确的规定。

《安全生产法》第一百一十二条的解释是：重大危险源，是指长期地或者临时地生产、搬运、使用或者储存危险物品，且危险物品的数量等于或者超过临界量的单元（包括场所或设施）。当单元中有多种物质时，如果各类物质的量满足下式，就是重大危险源。

$$\sum_{i=1}^{N} \frac{q_i}{Q_i} \geq 1 \tag{1-2}$$

式中　q_i——单元中物质 i 的实际存在量；

　　　Q_i——物质 i 的临界量；

　　　N——单元中物质的种类数。

在《危险化学品重大危险源辨识》（GB 18218—2009）标准中，将容易引起事故的 78 种化学品按照《危险货物分类和品名编号》归类，划分为爆炸品、易燃气体、毒性气体、易燃液体、易于自燃的物质、遇水放出易燃气体的物质、氧化性物质、有机过氧化物、毒性物质 6 大类 9 小类，给出了 78 种典型危险化学品属于重大危险源的临界值。

1.2.1.3　事故

A　事故的概念

国际劳工组织指定的《职业事故和职业病记录与通报实用规程》中，将职业事故定义为："由工作引起或者在工作过程中发生的事件，并导致致命或非致命的职业伤害。"《企业职工伤亡事故分类标准》（GB 6441—1986），综合考虑起因物、引起事故的诱导性原因、致害物、伤害方式等，将企业工伤事故分为 20 类，分别为物体打击、车辆伤害、机械伤害、起重伤害、触电、淹溺、灼烫、火灾、高处坠落、坍塌、冒顶片帮、透水、放炮、瓦斯爆炸、火药爆炸、锅炉爆炸、容器爆炸、其他爆炸、中毒和窒息及其他伤害等。

B　事故的分类

a　分类

（1）记录事故：职工受伤，但伤情甚微，未造成歇工或歇工未满一个工作日的事故。

（2）未遂事故：已发生的威胁人身安全的危险事件，但未造成人身伤害的事故。

（3）轻伤事故：轻伤是指职工负伤后休息一个工作日以上，损失工作日低于 105 日的失能伤害，构不成重伤的。

（4）重伤事故：重伤是指造成职工肢体残缺或视觉、听觉等器官受到严重损伤，一般能引起人体长期存在功能障碍，或劳动能力有重大损失的伤害。损失工作日等于或大于 105 日的失能伤害。

（5）死亡事故：造成人身伤亡的事故。

《生产安全事故报告和调查处理条例》（国务院令第 493 号）将"生产安全事故"定义为：生产经营活动中发生的造成人身伤亡或者直接经济损失的事件。

b　分类等级

根据生产安全事故造成的人员伤亡或者直接经济损失，事故一般分为以下等级：

（1）一般事故：是指造成 3 人以下死亡，或者 10 人以下重伤（包括急性工业中毒，下同），或者 1000 万元以下直接经济损失的事故。

（2）较大事故：是指造成 3 人以上 10 人以下死亡，或者 10 人以上 50 人以下重伤，或者 1000 万元以上 5000 万元以下直接经济损失的事故。

（3）重大事故：是指造成 10 人以上 30 人以下死亡，或者 50 人以上 100 人以下重伤，或者 5000 万元以上 1 亿元以下直接经济损失的事故。

（4）特别重大事故：是指造成 30 人以上死亡，或者 100 人以上重伤，或者 1 亿元以上直接经济损失的事故。

该等级标准中所称的"以上"包括本数，所称的"以下"不包括本数。

C 事故隐患

国家安全生产监督管理总局颁布的第 16 号《安全生产事故隐患排查治理暂行规定》，将"安全生产事故隐患"定义为："生产经营单位违反安全生产法律、法规、规章、标准、规程和安全生产管理制度的规定，或者因其他因素在生产经营活动中存在可能导致事故发生的物的危险状态、人的不安全行为和管理上的缺陷。"

事故隐患分为一般事故隐患和重大事故隐患。一般事故隐患是指危害和整改难度较小，发现后能够立即整改排除的隐患。重大事故隐患是指危害和整改难度较大，应当全部或者局部停产停业，并经过一定时间整改治理方能排除的隐患，或者因外部因素影响致使生产经营单位自身难以排除的隐患。

企业、政府和公众等多方综合性地开展隐患辨识、评价、消除、整改、监控等活动和措施，使生产安全系统的事故风险处于可接受水平的过程即为隐患治理。

1.2.1.4 职业卫生

A 职业卫生定义

职业卫生是以职工的健康在职业活动过程中免遭有害因素侵害为目的的工作领域及其在法律、技术、设备、组织制度和教育等方面所采取的相应措施。

B 职业性有害因素

职业性有害因素，也称职业性危害因素或职业危害因素，是指在生产过程中、劳动过程中、作业环境中存在的各种有害的化学、物理、生物因素以及在作业过程中产生的其他危害劳动者健康、能导致职业病的有害因素。

各种职业性有害因素按其来源分为三类：

（1）生产过程中产生的有害因素。

化学因素：包括生产性粉尘和化学有毒物质。

物理因素：异常的气象条件如高温、噪声、辐射等。

生物因素：如炭疽杆菌、霉菌、布氏杆菌、森林脑炎病毒和真菌等。

（2）劳动过程中的有害因素。如劳动组织和作息制度的不合理，工作的紧张程度等；个人的不良生活习惯，如过度饮酒、缺乏锻炼等；劳动负荷过重，长时间的单调作业、夜班作业，动作和体位的不合理等。

（3）生产环境中的有害因素。2002 年卫生部颁布的《职业病目录》将职业危害分为十大类。

包括：尘肺（13 种）；放射性物质类（电离辐射）；化学物质类（56 种）；物理因素（4 种）；生物因素（3 种）；导致职业性皮肤病的危害因素（8 种）；导致职业性眼病的危害因素（3 种）；导致职业性耳鼻喉口腔疾病的危害因素（3 种）；导致职业性肿瘤的危害因素（8 种）；其他职业危害因素（5 种）。

1.2.2 安全生产管理理论

安全生产管理是管理的重要组成部分，是安全科学的一个分支。所谓安全生产管理，就是针对人们生产过程的安全问题，运用有效的资源，发挥人们的智慧，通过人们的努力，进行有关决策、计划、组织和控制等活动，实现生产过程中人与机器设备、物料、环境的和谐，达到安全生产的目标。

安全生产管理的目标是减少和控制危害，减少和控制事故，尽量避免生产过程中由于事故所造成的人身伤害、财产损失、环境污染以及其他损失。安全生产管理包括安全生产法制管理、行政管理、监督检查、工艺技术管理、设备设施管理、作业环境和条件管理等。

企业安全生产管理的基本对象是企业的员工，涉及企业中的所有人员、设备设施、物料、环境、财务、信息等各个方面。安全生产管理的内容包括：安全生产管理机构和安全生产管理人员、安全生产责任制、安全生产管理规章制度、安全生产策划、安全培训教育、安全生产档案等。

1.2.2.1　安全生产管理原理与原则

安全生产管理适用的原理包括：系统原理、人本原理、预防原理、强制原理。

A　系统原理

系统原理是现代管理学的一个最基本原理。它是指人们在从事管理工作时，运用系统理论、观点和方法，对管理活动进行充分的系统分析，以达到管理的优化目标，即用系统论的观点、理论和方法来认识和处理管理中出现的问题。

安全生产管理系统是生产管理的一个子系统，包括各级安全管理人员、安全防护设备与设施、安全管理规章制度、安全生产操作规范和规程以及安全生产管理信息等。安全贯穿于生产活动的方方面面，安全生产管理是全方位、全天候和涉及全体人员的管理。

运用系统原理的原则：

（1）动态相关性原则。动态相关性原则告诉我们，构成管理系统的各要素是运动和发展的，它们相互联系又相互制约。显然，如果管理系统的各要素都处于静止状态，就不会发生事故。

（2）整分合原则。高效的现代安全生产管理必须在整体规划下明确分工，在分工基础上有效综合，这就是整分合原则。运用该原则，要求企业管理者在制定整体目标和进行宏观决策时，必须将安全生产纳入其中，在考虑资金、人员和体系时，都必须将安全生产作为一项重要内容考虑。

（3）反馈原则。反馈是控制过程中对控制机构的反作用。成功、高效的管理，离不开灵活、准确、快速的反馈。企业生产的内部条件和外部环境在不断变化，所以必须及时捕获、反馈各种安全生产信息，以便及时采取行动。

（4）封闭原则。在任何一个管理系统内部，管理手段、管理过程等必须构成一个连续封闭的回路，才能形成有效的管理活动，这就是封闭原则。

封闭原则告诉我们，在企业安全生产中，各管理机构之间、各种管理制度和方法之间，必须具有紧密的联系，形成相互制约的回路，才能有效。

B　人本原理

在管理中必须把人的因素放在首位，体现以人为本的指导思想，这就是人本原理。以人为本有两层含义：一是一切管理活动都是以人为本展开的，人既是管理的主体，又是管理的客体，每个人都处在一定的管理层面上，离开人就无所谓管理；二是管理活动中，作为管理对象的要素和管理系统各环节，都需要人掌管、运作、推动和实施。

运用人本原理的原则：

（1）动力原则。推动管理活动的基本力量是人，管理必须有能够激发人的工作能力的动力，这就是动力原则。对于管理系统，有3种动力，即物质动力、精神动力和信息动力。

（2）能级原则。现代管理认为，单位和个人都具有一定的能量，并且可按照能量的大小顺序排列，形成管理的能级，就像原子中电子的能级一样。在管理系统中，建立一套合理能级，根据单位和个人能量的大小安排其工作，发挥不同能级的能量，保证结构的稳定性和管理的有效性，这就是能级原则。

（3）激励原则。管理中的激励就是利用某种外部诱因的刺激，调动人的积极性和创造性。以科学的手段，激发人的内在潜力，使其充分发挥积极性、主动性和创造性，这就是激励原则。人的工作动力来源于内在动力、外部压力和工作吸引力。

C　预防原理

安全生产管理工作应该做到预防为主，通过有效的管理和技术手段，减少和防止人的不安全行为和物的不安全状态，这就是预防原理。

运用预防原理的原则：

（1）偶然损失原则。事故后果以及后果的严重程度，都是随机的、难以预测的。反复发生的同类事故，并不一定产生完全相同的后果，这就是事故损失的偶然性。偶然损失原则告诉我们，无论事故损失的大小，都必须做好预防工作。

（2）因果关系原则。事故的发生是许多因素互为因果连续发生的最终结果，只要诱发事故的因素存在，发生事故是必然的，只是时间或迟或早而已，这就是因果关系原则。

（3）3E原则。造成人的不安全行为和物的不安全状态的原因可归结为4个方面，技术原因、教育原因、身体和态度原因以及管理原因。针对这4方面的原因，可以采取3种防止对策，即工程技术（engineering）对策、教育（education）对策和法制（enforcement）对策，即所谓3E原则。

（4）本质安全化原则。本质安全化原则是指从一开始和从本质上实现安全化，从根本上消除事故发生的可能性，从而达到预防事故发生的目的。本质安全化原则不仅可以应用于设备、设施，还可以应用于建设项目。

D　强制原理

采取强制管理的手段控制人的意愿和行为，使个人的活动、行为等受到安全生产管理要求的约束，从而实现有效的安全生产管理，这就是强制原理。所谓强制就是绝对服从，不必经被管理者同意便可采取控制行动。

运用强制原理的原则：

（1）安全第一原则。安全第一就是要求在进行生产和其他工作时把安全工作放在一切工作的首要位置。当生产和其他工作与安全发生矛盾时，要以安全为主，生产和其他工作要服从于安全，这就是安全第一原则。

（2）监督原则。监督原则是指在安全工作中，为了使安全生产法律法规得到落实，必须设立安全生产监督管理部门，对企业生产中的守法和执法情况进行监督。

1.2.2.2　事故致因理论

事故发生有其自身的发展规律和特点，只有掌握了事故发生的规律，才能保证安全生产系统处于安全状态。人们从不同的角度对事故进行研究，给出了很多事故致因理论，简要介绍如下。

A　事故频发倾向理论

1939 年，法默和查姆勃等人提出了事故频发倾向理论。事故频发倾向是指个别容易发生事故的稳定的个人内在倾向。事故频发倾向者的存在是工业事故发生的主要原因，即少数具有事故频发倾向的工人是事故频发倾向者，他们的存在是工业事故发生的原因。如果企业中减少了事故频发倾向者，就可以减少工业事故。

B　海因里希因果连锁理论

海因里希把工业伤害事故的发生发展过程描述为具有一定因果关系事件的连锁，即：人员伤亡的发生是事故的结果，事故的发生原因是人的不安全行为或物的不安全状态，人的不安全行为或物的不安全状态是由于人的缺点造成的，人的缺点是由于不良环境诱发或者是由先天的遗传因素造成的。

海因里希将事故因果连锁过程概括为以下 5 个因素：遗传及社会环境、人的缺点、人的不安全行为或物的不安全状态、事故、伤害。他认为，企业安全工作的中心就是防止人的不安全行为，消除机械的或物质的不安全状态，中断事故连锁的进程，从而避免事故的发生。

C　1∶29∶300 法则

海因里希调查和分析了 550000 多起工业事故，发现其中：死亡和重伤事故 1666 起，轻伤事故 48334 起，无伤害事故 500000 起；即构成 1∶29∶300 的事故发生频率与伤害严重度的重要法则。也就是说，在同一个人身上发生了 330 起同种事故，只有 1 起造成严重伤害，29 起造成轻微伤害，300 起造成无伤害。此法则表明了事故发生频率与伤害严重度之间的普遍规律，即严重伤害的情况是很少的，而轻微伤害及无伤害的情况是大量的，人在受到伤害以前，曾多次发生过同样危险但并不发生事故，事故仅是偶然事件，它有多次隐患为前提，事故发生后伤害的严重度具有随机性，一旦发生事故，控制事故的结果和严重度是十分困难的。对于不同事故而言，其无伤害、轻伤、重伤比率并不相同。为了防止事故，必须防止不安全行为和不安全状态，并且必须对所有事故（包括未遂）予以收集和研究，采取相应安全措施进行防范。

D　能量意外释放理论

1961 年，吉布森提出了事故是一种不正常的或不希望的能量释放，各种形式的能量是构成伤害的直接原因。因此，应该通过控制能量，或控制能量载体来预防伤害事故。

1966 年，在吉布森研究的基础上，哈登完善了能量意外释放理论，提出"人受伤害的原因只能是某种能量的转移"，并提出了能量逆流于人体造成伤害的分类方法，将伤害分为两类。第一类伤害是由于施加了局部或全身性损伤阈值的能量引起的；第二类伤害是由影响了局部或全身性能量交换引起的，主要指中毒窒息和冻伤。哈登认为，在一定条件下，某种形式的能量能否产生造成人员伤亡事故的伤害取决于能量大小、接触能量时间长短和频率以及力的集中程度。根据能量意外释放论，可以利用各种屏蔽来防止意外的能量转移，从而防止事故的发生。

E　系统安全理论

在 20 世纪 50 年代到 60 年代美国研制洲际导弹的过程中，系统安全理论应运而生。

系统安全理论包括很多区别于传统安全理论的创新概念：

（1）在事故致因理论方面，改变了人们只注重操作人员的不安全行为，而忽略硬件故障在事故致因中的作用的传统观念，开始考虑如何通过改善物的系统可靠性来提高复杂系统的安全性，从而避免事故。

（2）没有任何一种事物是绝对安全的，任何事物中都潜伏着危险因素。通常所说的安全或危险只不过是一种主观的判断。

（3）不可能根除一切危险源，可以减少来自现有危险源的危险性，宁可减小总的危险性而不是只彻底去消除几种选定的风险。

（4）由于人的认识能力有限，有时不能完全认识危险源及其风险，即使认识了现有的危险源，随着生产技术的发展，新技术、新工艺、新材料和新能源的出现，又会产生新的危险源。

F 轨迹交叉论

一起事故的发生，除了人的不安全行为之外，一定存在着某种物的不安全状态，只有两种因素同时出现，才能发生事故。轨迹交叉论认为，在事故发展进程中人的因素的运动轨迹与物的因素的运动轨迹的交点，就是事故发生的时间和空间。或者说人的不安全行为和物的不安全状态发生于同一时间、同一空间，或者说两者相遇，则在此时间、空间发生事故。

作为一种事故致因理论，强调人的因素和物的因素在事故致因中占有同样重要的地位。按照该理论，可以通过避免人与物两种状态同时出现来预防事故的发生。

1.2.2.3 事故预防与控制的基本原则

事故预防与控制包括事故预防和事故控制。事故预防是指通过采用技术和管理手段使事故不发生；事故控制是通过采取技术和管理手段，使事故发生后不造成严重后果或使后果尽可能减小。对于事故的预防与控制，应从安全技术、安全教育和安全管理等方面入手，采取相应对策。

安全技术对策着重解决物的不安全状态问题。安全教育对策和安全管理对策则主要着眼于人的不安全行为问题。安全教育对策主要是使人知道哪里存在危险源，如何导致事故，事故的可能性和严重程度如何，对于可能的危险应该怎么做。

1.2.2.4 我国安全生产管理概述

A 安全生产方针

2014年12月1日起施行的《中华人民共和国安全生产法》第三条，进一步明确了坚持"安全第一、预防为主、综合治理"的安全生产方针，强化和落实生产经营单位的主体责任，建立生产经营单位负责、职工参与、政府监管、行业自律和社会监督的机制。

"安全第一"，就是在生产经营活动中，在处理保证安全与生产经营活动的关系上，要始终把安全放在首要位置，优先考虑从业人员和其他人员的人身安全，实行"安全优先"的原则。在确保安全的前提下，努力实现生产的其他目标。

"预防为主"，就是按照系统化、科学化的管理思想，按照事故发生的规律和特点，千方百计预防事故的发生，做到防患于未然，将事故消灭在萌芽状态。虽然人类在生产活动中还不可能完全杜绝事故的发生，但只要思想重视，预防措施得当，事故是可以减少的。

"综合治理"，就是标本兼治，重在治本，在采取断然措施遏制重特大事故，实现治标的同时，积极探索和实施治本之策，综合运用科技手段、法律手段、经济手段和必要的行政手段，从发展规划、行业管理、安全投入、科技进步、经济政策、教育培训、安全立法、激励约束、企业管理、监督体制、社会监督以及追究事故责任、查处违法违纪等方面着手，解决影响制约我国安全生产的历史性、深层次问题，做到思想认识上警钟长鸣，制度保证上严密有效，技术支撑上坚强有力，监督检查上严格细致，事故处理上严肃认真。

B　以人为本、安全发展理念

"以人为本、安全发展"重点包含三层含义：

一是"以人为本"必须要以人的生命为本。人的生命最宝贵，生命安全权益是最大的权益。发展不能以牺牲人的生命为代价，不能损害劳动者的安全和健康权益。

二是经济社会发展必须以安全为基础、前提和保障。国民经济和区域经济、各个行业和领域、各类生产经营单位的发展，要建立在安全保障能力不断增强、安全生产状况持续改善、劳动者生命安全和身体健康得到切实保障的基础上，做到安全生产与经济社会发展各项工作同步规划、同步部署、同步推进，实现可持续发展。

三是构建社会主义和谐社会必须解决安全生产问题。安全生产既是人民群众关注的热点、难点，也是和谐社会建设的切入点、着力点。只有搞好安全生产，实现安全发展，国家才能富强安宁，百姓才能平安幸福，社会才能和谐安定。

对企业来讲，安全发展是企业落实科学发展观，实现科学、持续、有效、较快和协调发展的必然要求和重要保证，是企业履行经济、政治和社会责任的重要体现，是企业增强市场竞争力的重要基础。坚持走安全发展道路应当成为企业的郑重选择和庄严承诺。

C　安全生产法律法规体系

在我国，以《安全生产法》为龙头，以相关法律、行政法规、部门规章、地方性法规、地方行政规章和其他规范性文件以及安全生产国家标准、行业标准为主体的安全生产法律法规体系已经初步形成，而且还在日趋健全和完善，促进了安全生产管理工作的规范化、制度化和科学化。

据统计，目前，全国人大、国务院和相关主管部门已经颁布实施并仍然有效的有关安全生产主要法律法规约有 130 多部。其中，包括全国人大常委会制定的《安全生产法》《劳动法》《煤炭法》《矿山安全法》《突发事件应对法》《职业病防治法》《海上交通安全法》《道路交通安全法》《消防法》《铁路法》《民航法》《电力法》《建筑法》等 20 多部法律；国务院制定的《国务院关于特大安全生产事故行政责任追究的规定》《安全生产许可证条例》《煤矿安全监察条例》《国务院关于预防煤矿生产安全事故的特别规定》《生产安全事故报告和调查处理条例》《危险化学品安全管理条例》《道路交通安全法实施条例》《建设工程安全生产管理条例》等 20 多部行政法规；国家安全生产监督管理总局、国家煤矿安全监察局、原国家经贸委、原煤炭部、交通运输部等部门和机构制定的《安全生产违法行为行政处罚办法》《安全生产监督罚款管理暂行办法》《安全生产领域违法违纪行为政纪处分暂行规定》《煤矿矿用产品安全标志管理暂行办法》《煤矿安全监察行政处罚办法》《危险化学品登记管理办法》《〈生产安全事故报告和调查处理条例〉罚款处罚暂行规定》等 80 多部部门规章，最高人民法院、最高人民检察院制定出台了《关于办理危害矿山生产安全刑事案件具体应用法律若干问题的解释》，各地人大和政府也陆续出台了不少地方性法规和地方政府规章。到目前为止，各省（区、市）都基本上制定出台了安全生产条例。

新中国成立60多年来，我国安全生产标准化工作发展迅速，据不完全统计，国家及各行业颁布了涉及安全的国家标准上千项，各类行业标准几千项。我国安全生产方面的国家标准或者行业标准，均属于法定安全生产标准，或者说属于强制性安全生产标准。《安全生产法》有关条款明确要求生产经营单位必须执行安全生产国家标准或者行业标准，通过法律的规定赋予了国家标准和行业标准强制执行的效力。此外，我国许多安全生产立法直接将一些重要的安全生产标准规定在法律法规中，使之上升为安全生产法律法规中的条款。因此，我国安全生产国家标准和行业标准，虽然和安全生产立法不无区别，但在一定意义上说，也可以被视为我国安全生产法律法规体系的一个重要组成部分。

近年来，随着我国经济社会的快速发展，我国已经进入了事故易发的工业经济中级发展阶段，安全事故频发，已有的安全生产立法与我国安全生产形势的迫切需要产生了一定的差距，与外国一些发达国家相比，在立法上的某些环节和方面显得落后，亟待加强立法，进一步健全完善我国安全生产法律法规体系，将安全生产工作全面纳入法治轨道，促进安全生产形势的持续稳定好转。

D　安全生产监管监察体系

我国目前实行的是国家监察、地方监管、企业负责的安全工作体制。在国家与行政管理部门之间，实行的是综合监管和行业监管；在中央政府与地方政府之间，实行的是国家监管与地方监管；在政府与企业之间，实行的是政府监管与企业管理。

在国务院领导下，国务院安全生产委员会负责全面统筹协调安全生产工作；国家安全生产监督管理总局对全国安全生产实施综合监管，并负责煤矿安全监察和非煤矿山、危险化学品、烟花爆竹等行业领域的安全生产监督管理工作；工业和信息化部、公安部、住房和城乡建设部、农业部、交通运输部、铁道部、民航总局、电监会和国资委等部门，分别负责本系统、本领域的安全工作；国家质检总局负责锅炉压力容器等四类特种设备的安全监督检查；卫生部负责职业病诊治工作；人力资源和社会保障部负责工伤保险管理、未成年工以及女工的劳动保护。

1.2.3　烧结安全管理的特点及重点

烧结生产安全管理是一个综合性的学科，涉及每个人、每台设备、每项作业，覆盖全厂的各个方面，是一项系统工程。安全的基础是生产、设备、环境和管理等防范措施落实到位，只有具备这些基础条件才能保障安全。

烧结安全管理的关键是抓落实，安全管理的基础是规章和制度，安全管理是综合管理、综合素质的体现。

1.2.3.1　烧结厂安全管理的特点

烧结生产及检修安全具有如下特点：

（1）安全管理涉及面广。烧结生产涉及翻卸车、胶带输送、能源介质使用、机械维修、特种设备、电气、汽（铁）运输等众多环节，安全管理面较广。

（2）安全危害因素种类多。烧结工艺过程既有高温、高压、高粉尘的有害因素，又有有毒有害气体、易燃易爆、机械伤害、高处坠落、起重伤害、触电、火灾、灼烫、物体打击、车辆伤害等危害，危害因素众多。

（3）人员及设备分布较广。烧结工艺的主要设备有胶带输送机、堆取料机、混合机、烧结机、破碎筛分设备、起重设备以及能源动力设备、空压机、余热等辅助设备，其分布范围较广，人员比较分散，偏远及单人岗位较多，生产及检修的安全管控难度较大。

（4）生产及检修的矛盾突出。因烧结工序战线长、分布广，很多的是单一料线，一个很小的故障可能导致整个工序的停产，生产压力大，保生产、抢检修的问题突出，对安全生产提出了挑战。

（5）受自然条件约束较多。烧结主要工艺设备及辅助系统受自然条件约束较大，严寒冰冻、酷暑暴雨、雷击、大风等都可能造成企业的重大财产损失和人员伤亡。

1.2.3.2　烧结安全管理的重点

我国烧结行业设备装备水平、人员素质和安全管理水平同国外先进的企业相比还有一些差距，当前重点应该抓好以下几点：

（1）以落实安全生产责任制为核心，着力健全安全生产责任体系。进一步明确安全生产责任和要求，落实"三个必须""谁主管，谁负责"和"一岗双责，党政同责"的管理原则，建立安全目标管理、事故隐患排查治理、危险源管理、班组安全管理、事故应急救援管理等安全管理制度，把安全绩效同经济收入挂钩，严格事故追究。

（2）以安全生产标准化建设为主线，着力夯实安全基础。安全生产标准化建设是企业安全生产最基础的工作，是保障安全、规范管理、改善生产条件的治本之策，也是建立安全生产长效机制的重要内容。坚持全员、全过程、全方位推进安全生产标准化工作，提升安全整体管理水平。

（3）加大企业员工安全教育力度，培养其安全意识，坚决杜绝违章违规操作。企业职工是生产作业的实施者，也是安全事故的直接受害者。只有彻底地转变职工思想，让其从被动地接受安全教育转变为主动地参加安全教育的学习，从而杜绝违规操作现象，才能从根本上解决安全事故问题。

（4）强化安全风险防范，狠抓安全生产隐患排查和危险源监控。针对作业活动、设施、环境的不断变化，开展全员动态危险辨识、评价和控制活动，对易发生各类事故的部位、环节和所辖区域的危险作业和危险源点实行分级管理、分级控制。建立隐患排查治理的长效机制，落实三级监督检查机制，确保安全检查覆盖到所有的项目和作业场所，不留盲区，通过检查，及时排查治理隐患，发现和分析安全生产中的主要问题和薄弱环节，并制定有针对性的措施，从根本上解决问题，为作业人员创造安全文明的作业环境。同时确保安全生产费用的提取、使用和管理的规范，为安全防护设施、隐患排查、应急救援工作、安全技能培训等提供资金保障，对解决各种安全问题，特别是重大事故隐患的整改，提供有利的条件。

（5）以党政工团齐抓共管为手段，筑牢安全防线。推行各部门（车间）、各班组、各级领导和职工全员管理，充分发挥各部门在安全生产管理中的作用，适时开展"党员身边无事故""领导干部无违章"、安全文化建设、职工代表视察、"安康杯"竞赛、"青安杯"

等活动，充分发挥各条战线在安全生产中的专管、协管、监督、监察作用，共同抓好安全工作。

1.2.3.3 烧结安全工作的原则

（1）"管生产必须管安全、谁主管谁负责"的原则。这一原则要求谁管生产就必须在管理生产的同时，管好管辖范围内的安全生产工作，并负全面责任。

（2）"三同时"原则。指生产经营单位在对新建、改建、扩建工程和技术改造工程项目中，劳动安全卫生设施与主体工程同时设计、同时施工、同时投入和使用。这一原则要求生产建设工程项目在投产使用时，必须要有符合国家规定标准的相应劳动安全卫生设施与之配套使用，使劳动条件符合安全卫生要求。

（3）"四不放过"原则。指在调查处理工伤事故时，必须坚持事故原因分析不清不放过，安全防范措施未落实不放过，责任人和相关人员未受到教育不放过，责任人未追究责任不放过。要求事故发生后，必须查明原因，分清责任，教育群众，采取对策，处理责任人，防止同类事故的再次发生。

（4）"三不伤害"原则。是指不伤害自己、不伤害他人、不被他人伤害。

（5）"四全管理"原则。是指全员、全过程、全方位、全天候管理。

（6）"3E"原则。是指安全技术、安全教育、安全管理。

（7）"三级安全教育"。是指对于新入厂的员工按照国家的有关规定首先经过公司级、部门级和班组级安全教育并经考核合格后才能上岗作业，未经三级安全教育不得上岗作业。三级安全教育是安全工作的一项基本制度。

2 烧结厂安全管理组织机构及安全生产责任制

2.1 安全管理组织机构

按照纵向管理设置，烧结厂可分为厂级、车间、班组三级，其对应的安全管理组织结构一般包括厂安全生产委员会、车间安全领导小组、班组安全自主管理活动小组。

2.1.1 厂安全生产委员会

厂安全生产委员会一般以厂行政一把手担任主任委员，生产经营的领导担任副主任委员，生产技术部门、设备部门、厂办公室、专职安全管理部门及各车间负责人担任委员。

厂安全生产委员会应下设办公室，办公室设在安全科，负责厂安全工作的日常管理和协调指导工作。

厂安全生产委员会主要职责包括：

（1）对厂安全工作全面负责。

（2）负责建立、健全安全工作管理体系和考核制度。

（3）负责制定企业安全规划及年度安全工作管理目标，编制年度工作计划。

（4）每季度召开专门会议，听取有关科室阶段性安全工作报告，分析安全生产形势，对存在的重大安全问题和安全隐患做出整改决定，审议重要安全议题。

（5）督促、检查各车间、部门安全生产责任制的落实和执行。

2.1.2 车间安全生产领导小组

车间安全生产领导小组以车间主任为组长，其他车间领导为副组长，车间相关职能人员、各班组长为成员。

车间安全生产领导小组主要职责包括：

（1）对本单位安全环保工作全面负责。

（2）在厂安全生产委员会和安全监管部门的指导下，认真学习、贯彻国家和上级部门关于安全职业卫生的方针政策、法律、法规。

（3）负责建立、健全安全工作管理制度和规程；研究、决策本单位安全生产、职业卫生的重大问题；承接厂部安全工作目标，编制年度工作计划。

（4）每月召开专门会议，总结上月工作情况，布置本月工作任务。

（5）研究、解决本单位安全生产隐患并制定整改方案，确定责任人、整改时间。

（6）组织部署本单位的安全健康环保工作，实施全员、全方位、全过程、全天候的安全监督管理，实现本单位安全生产、职业卫生与环境保护的目标。

2.1.3 班组安全自主管理活动小组

班组安全自主管理活动小组成员包括班组长、班组安全员（劳动保护监督员）、安全消防值日员及其他班员。

班组安全自主管理小组主要职责包括：

（1）贯彻执行有关安全生产的各项规章制度，积极参与落实班组日常安全管理活动。

（2）认真执行班组安全生产确认制，落实好对人、对物、对作业环境和对检修作业的确认。

（3）开展班组安全生产互保制度和安全生产联保制度。

（4）严格落实班组安全生产检查要求，对职工精神状况、劳动防护用品穿戴情况，职工安全操作规程执行情况，对隐患控制和整改措施的落实情况，设备运行状态、工器具、安全防护器材完好情况和作业环境等进行检查，做好交接工作。

（5）抓好班组安全生产培训教育，按规定落实新员工（换岗人员）的安全培训，落实特种作业人员的培训教育。定期组织岗位安全相关技能的学习培训，组织工作岗位环境及危险因素辨识活动，学习各类应急处置方案，组织好各类预案演练。

（6）组织好班组安全会议，开好当日班前会和班后会，班组每周必须组织一次安全活动，时间不少于30分钟。

（7）实行班组安全生产奖惩制度，制定班组安全行为公约，建立班组奖惩制度。

（8）发生生产安全事故必须立即组织抢救、报告和保护现场，配合事故的调查并如实提供事故发生的情况。

2.2 烧结厂安全生产责任制

安全生产责任制是根据安全生产法规建立的企业内各级领导、职能部门、管理人员、工程技术人员和岗位生产操作维护人员等在劳动生产过程中对安全生产层层负责的规定，是企业安全管理的一项基本制度。

烧结厂安全生产责任制一般包括以下几项内容：

（1）纵向安全生产责任制。

（2）横向安全生产责任制。

（3）安全专职机构的任务及职责。

（4）员工安全职责。

2.2.1 纵向安全生产责任制

烧结厂纵向安全生产责任制一般包括厂级、车间级及班组级安全生产责任制及各级党组织、工会组织及团组织的安全职责。

2.2.1.1 厂级管理人员安全责任制

A 厂长安全生产管理职责

（1）建立、健全本单位安全生产责任制。

（2）组织制定本单位安全生产规章制度和操作规程。

（3）组织制定并实施本单位安全生产教育和培训计划。

（4）保证本单位安全生产投入的有效实施。

（5）督促、检查本单位的安全生产工作，及时消除生产安全事故隐患。

（6）组织制定并实施本单位的生产安全事故应急救援预案。

（7）及时、如实报告生产安全事故。

B　生产副厂长安全生产管理职责

（1）贯彻"管生产必须管安全"原则，对本单位安全生产工作具体负责。

（2）负责组织贯彻落实安全生产法律法规、安全生产规章制度、上级部门安全管理要求和职代会安全生产议案。

（3）定期主持安全专题会，研究解决存在的安全问题，部署安全管理重点工作。

（4）组织每季度一次的厂级安全生产检查，落实整改措施，及时消除事故隐患。

（5）定期向本级安全生产委员会、办公会分析汇报安全生产情况，提出各时期安全工作的部署意见。

（6）按权限规定，组织生产安全事故调查、分析，制定防范措施并提出对事故责任人的处理意见。

（7）负责在组织编制本单位中长期发展规划、年度经营计划时，将职业安全卫生管理目标、措施作为计划的重要内容。

（8）负责在组织编制经营计划、更新改造和一般技术改造措施计划时，优先安排安全技术措施计划，并确保资金。

C　设备副厂长安全生产管理职责

（1）负责本单位厂房、建（构）筑物及生产设备设施、大型工具、特种设备、能源介质等安全运行，负责各类职业安全卫生及环境保护设施的配备齐全和正常使用。

（2）负责设备各类安全防护设施的齐全有效。

（3）主持制定并组织严格执行本单位机电设备及能源系统安全操作（使用）规程、标准及检修、维保安全管理制度。

（4）负责设备检修、维保及在线改造安全管理，在组织编制设备大、中、小修及改造计划时，同步安排职业安全卫生设施、装置检修改造，并落实检修改造过程中的安全措施。

（5）对因上述设备设施而导致的生产安全事故及设备检修、维保、在线改造中发生的生产安全事故负领导责任。

（6）负责组织在新、改、扩建工程中，落实职业安全卫生"三同时"（即：职业安全卫生设施与主体工程同时设计、同时施工、同时投入使用）。

（7）负责保证建设项目安全作业环境及施工安全措施所需费用。

（8）负责建设工程施工中的安全管理，组织专项安全措施项目的实施。

（9）对职业安全卫生"三同时"落实不到位而导致的生产安全事故和建设工程项目施工中发生的生产安全事故负领导责任。

2.2.1.2　车间管理人员安全责任制

A　车间主任安全生产管理职责

（1）建立、健全本单位安全生产责任制。

（2）组织制定本单位安全生产规章制度和操作规程。

（3）组织制定并实施本单位安全生产教育和培训计划。

（4）保证本单位安全生产投入的有效实施。

（5）督促、检查本单位的安全生产工作，及时消除生产安全事故隐患。

（6）组织制定并实施本单位的生产安全事故应急救援预案。

（7）及时、如实报告生产安全事故。

B 车间副主任安全生产管理职责

（1）协助车间主任全面抓好安全生产工作，对本单位安全生产工作负具体领导责任。

（2）负责组织领导本单位安全生产、交通安全、防火、职业卫生等管理工作，及时召开专题研究会议，解决存在问题，部署安全管理重点工作。

（3）负责督促定期对职工进行安全教育培训和考试，具体实施车间级生产安全事故应急救援预案，并督促开展相关培训和演练。

（4）负责本单位生产设备的安全顺行，保证设备安全防护设施完好。

（5）代表行政向职工代表报告安全生产情况，回答职工代表质询，并领导处理职工代表提出的安全生产方面的问题。

（6）车间范围内发生险肇或轻伤及以上事故，应亲临现场调查了解，协助车间主任进行分析和处理。

（7）对因生产组织和职责不到位的安全事故负领导责任。

2.2.1.3 班组管理人员安全责任制

班组长安全生产管理职责包括：

（1）对本班（组）员工在生产过程中的职业安全卫生负责。

（2）带头并督促班（组）员工认真执行安全生产法律法规及本单位的各项安全规章制度、规程、规范及标准，正确使用个体劳动防护用品，规范操作和使用机器设备、工具、原材料、安全设施等，并确保其处于安全状态。

（3）经常检查并保持工作地点的安全作业环境，保持移动式设备、工具、成品、半成品、材料及废物的合理放置；负责所管危险源控制点的控制管理。

（4）组织每周一次的安全活动；组织召开班（工）前会，开展班组工前危险预知活动，对危险作业必须制订和落实相应安全措施，严格落实安全确认要求，并进行安全交底。

（5）有权拒绝上级的违章指挥和制止本工段、班（组）人员违章操作，遇有直接危及人身安全的紧急险情时，有权停止作业或者在采取可能的应急措施后组织相关人员撤离作业现场。

（6）发生生产安全事故必须立即组织抢救、报告和保护现场，配合事故的调查并如实提供事故发生的情况。

2.2.1.4 各级党组织领导人员安全责任制

各级党组织领导的安全生产管理职责包括：

（1）负责传达与贯彻党中央和上级党委有关安全生产与职业卫生方面的指示、决定，将安全生产列入精神文明建设规划和其他有关工作。

（2）厂党委每季度至少召开一次党委会，党支部每月至少召开一次专题会，研究安全生产工作，加强各项安全规章制度和决议的贯彻落实，并结合实际做好安全生产的思想政治工作，充分发挥共产党员在安全生产中的模范带头作用。

（3）支持行政领导对各项安全规章制度的贯彻实施及对事故的严格管理，会同行政领导研究决定对事故责任者的党纪、政纪处理。

2.2.1.5　各级工会组织领导人员安全责任制

各级工会组织领导的安全生产管理职责包括：

（1）负责健全职工代表大会劳动保护委员会和工会劳动保护监督检查组织，充分发挥群众监督作用。

（2）负责督促行政领导遵守安全生产法律、法规，维护职工合法权益，对同级行政领导在安全生产方面的问题，有权向党委通报。

（3）负责传达、贯彻上级工会关于安全生产方面的指示、决定及劳动保护方面的条例和规定。

（4）负责对建设项目职业安全卫生"三同时"落实情况进行监督并提出意见，对事故隐患向行政领导提出建议并督促落实，必要时可专题向行政部门提出质询。

（5）负责组织开展本单位"安康杯"竞赛活动和"安全信得过班组"的创建活动，不断提高职工的劳动保护意识。

（6）负责将安全生产、劳动保护列为工会各项活动及评先选模的重要考核内容。

（7）参加相应级别的生产安全事故的调查、分析，提出处理意见，并负责生产安全事故的善后工作。

2.2.1.6　各级团组织领导人员安全责任制

各级团组织的安全生产管理职责包括：

（1）发挥团组织的助手作用，积极开展青年职工安全工作，在青年职工和团员中开展各项评先选模活动时，应将安全文明生产列为考核内容。

（2）负责组织开展"青安杯"竞赛活动，提高青年职工安全意识和安全技能。

（3）组织青年安全监督岗积极开展工作，接受上级安全部门的业务指导。

（4）掌握青年职工思想动态，围绕安全生产，有针对性地开展思想教育工作。

（5）协助青年职工工伤事故的调查、分析。

2.2.2　横向安全生产职责

烧结厂横向安全生产责任制一般包括：生产技术部门、设备部门及综合办公室的安全职责。

2.2.2.1　生产技术部门安全职责

A　生产科的安全生产管理职责

（1）坚持安全与生产同时计划、布置、检查、总结、评比；凡新产品、新工艺、新项目等投产前，不符合职业安全卫生要求的不得下达计划和安排生产。

（2）发生生产安全事故，厂调度人员应及时向上级领导汇报，同时向同级安全部门通报，并负责应急处置中的指挥调度；发生重伤及以上事故，应下令保护现场，并立即组织抢救。待现场勘查处理完毕，经同级安全部门同意后在保证安全的前提下，方可组织恢复生产。

（3）在安排生产程序和指挥生产，尤其是生产和安全发生矛盾危及人身安全或国家财产遭受重大损失的紧急情况时，立即下达停产处理的指令，不得违章指挥作业；对因生产指挥不当造成的生产安全事故负指挥失误的责任。

（4）调度会应首先汇报安全生产情况，协调解决各基层单位或部门在安全生产方面出现的问题。

（5）负责铁路交通（含自管道口）安全管理。

（6）负责生产事故的调查处理，配合公司保卫部门进行厂内交通事故的调查处理；配合安全部门进行因生产事故引起的人身伤亡事故的调查、分析和处理。

（7）编制本单位中长期发展规划、年度经营计划时，应将职业安全卫生管理目标、措施作为规划的重要内容；在对技术改造项目进行可行性研究时，应开展安全评价。

（8）编制经营计划、更新改造和技改措施计划，应优先安排安全技术措施计划，并确保资金。

（9）组织进行新、改、扩建工程可行性研究时，按"三同时"原则进行项目中职业安全卫生的可行性研究及安全评价。

B　技术科的安全生产管理职责

（1）对因生产工艺和生产流程中安全技术管理标准和安全技术操作规程欠缺而发生的生产安全事故负责。

（2）对科研和新技术推广工作中的安全生产负责。

（3）开展科研攻关，推广新技术、新工艺、革新项目和合理化建议时，都要制定安全防护措施经论证并征求安全部门的意见，否则一律不得采纳和推行。

（4）在制订科技发展规划或计划时，应有职业安全卫生内容；要积极引进推广职业安全卫生方面的新技术；重大职业安全卫生科研项目完成后，要及时组织鉴定和推广使用。

（5）参与生产安全事故的调查，负责组织生产安全事故技术分析和鉴定，并提出改进措施。

C　调度室的安全生产管理职责

（1）代表生产副厂长行使中夜班、节假日的安全生产管理职责，对安全工作全面负责。

（2）正确处理安全和生产的矛盾，协调处理生产组织过程中发生的安全问题，不得违章指挥。

（3）抓好设备临时故障检修的安全管理，负责做好检修人员的危害辨识和安全交底工作，严格落实停送电等安全制度，督促做好检修现场的安全监护，杜绝"双违"现象的发生。

（4）发生重大险肇事故和发现重大安全隐患，必须立即报告上级领导和安全部门，并组织相关人员来厂处置。

（5）发生伤亡事故，必须立即报告，下令保护现场，并迅速组织对伤者进行施救，在保证安全的前提下，经安全部门同意方可恢复生产。

（6）在中夜班和节假日期间，负责传达上级和厂部安全工作的要求，并督促落实到工段、班组；负责做好每班安全生产情况的记录，并在厂调度会上汇报安全生产情况。

2.2.2.2　设备部门安全职责

设备部门安全职责一般包括：

（1）负责各类设备设施的安全管理，严格监督执行本单位设备安全操作规程、标准及检修安全管理制度；对因设备（压力容器）缺陷、长期失修或未定期送检、备品备件不合格或因防护装置不全、检修或技改工种施工质量不合格造成的设备事故和伤亡事故负责。

（2）定期组织对各种设备设施及建（构）筑物的专业安全检查，对不符合安全技术标准的，要组织整改，对暂时解决不了的，必须立即采取可靠的防范措施，并限期解决。

（3）各种设备设施的引进、制造、安装、修理、改造和竣工验收，要严格执行国家和上级部门发布的有关条例、规程和标准；新设备、自制或改造的设备，要有完备的安全保护设施和监测仪器，使用前要制定技术操作规程，并分送有关部门。

（4）组织各类设备检修及技术改造要与施工单位签订安全协议，对施工作业人员进行安全交底，并监督落实各项安全措施；在项目验收和试机验收的同时，要对安全设施的恢复和安全装置的完好进行验收；所有被检修设备、设施具备了良好的安全运行条件，才能准许交工生产。

（5）负责督促设备协议保产单位抓好日常安全管理，督促落实各项安全管理制度和安全技术措施，并进行检查、指导与考核，定期组织协议保产单位召开安全管理专题会议。

（6）确保新建、改建、扩建工程与职业安全卫生设施同时设计、同时施工、同时投产，对违反"三同时"造成的不良后果负责；技术改造在总图、设计、施工管理中，应优先安排安措项目，并负责组织安措项目的实施。

（7）组织审查技术改造工程初步设计和竣工验收时，应事先向安全部门提供有关资料并通知安全部门参加，签署审查意见；组织进行与压力容器、起重机械等特种设备有关的工程项目时，必须由持有专门许可证的单位施工；竣工验收时，必须通知安全部门及国家指定的机构参加检验并签署意见，并取得使用许可证后方能使用。

2.2.2.3　综合办公室安全职责

A　综合办公室行政科的安全生产管理职责

（1）督促协调各部门认真贯彻执行安全生产方针、政策、法令及有关规章制度。

（2）起草有关文件，应将安全生产作为一项重要内容，在调研中，应把安全生产列为经常性的主要课题之一。

（3）负责做好办公会研究安全生产问题的记录，传送安全生产方面的文件，对领导做出的指示，及时传达并督促协调有关部门落实。

（4）组织接待外来人员到厂内生产区域参观时，要严格遵守有关安全管理规定，对因组织不善而导致的伤亡事故或不良后果负责。

（5）落实食品卫生和防暑降温工作，对全厂后勤保障服务过程中的安全负责。

（6）发生生产安全事故后要全力组织抢救，负责组织对因抢救不及时或因措施不当、误诊、误治造成伤势加重、直至死亡的事故进行调查处理。

（7）协助本厂组织伤亡事故的善后工作。

B 综合办公室保卫科的安全生产管理职责

（1）负责公共场所大型活动开展、道路交通的安全管理。

（2）负责做好人防施工、维护管理和民兵军事训练中的安全工作。

（3）负责对易燃易爆、剧毒、放射性等危险物品的安全保卫工作。

（4）对因交通安全管理不善或者不力而造成的安全事故负责。

C 综合办公室企管科的安全生产管理职责

（1）编制生产经营方针目标和组织制定、修订制度或标准时，应将安全生产列为主要内容之一，积极组织全员安全管理工作。

（2）负责厂事故应急预案的管理，组织职业安全健康体系的建立与贯彻实施。

（3）负责编制机构方案时保证安全机构的落实。

（4）落实安全生产工作的考核要求。

（5）进行综合检查考核评比时，应把安全生产列为重点考核内容。

2.2.3 安全技术专职机构及人员安全职责

烧结厂安全技术专职机构及人员包括：厂安全部门、车间安全员、班组安全员及班组安全值日员。

A 厂安全部门的安全生产管理职责

（1）负责督促检查各部门和车间对国家、上级和公司颁布的各项职业安全卫生法律法规、规章条例的贯彻执行情况。

（2）负责起草本单位的各项安全规章制度，组织修订完善各工种岗位的安全规程，并负责督促检查其贯彻执行情况。

（3）负责汇总编制本单位职业安全卫生发展规划、年度安全措施计划，及时向公司呈报本单位无力解决的事故隐患，经公司批准立项后，配合本单位设备或技术改造主管部门组织实施完成，落实事故隐患整改完成前的安全监护措施。

（4）参加本单位新建、改建、扩建工程设计会审、竣工验收，并负责向公司安全环保部汇报其"三同时"落实情况；参加本单位中修及以上工程设计会审、竣工验收。

（5）负责指导、督促、检查各部门、各车间日常安全管理工作；定期开展本单位月安全生产风险预警分析。

（6）负责本单位的事故统计报告、重伤和死亡事故报告的起草、轻伤事故的审批；参加死亡事故的调查分析；在单位主管负责人的领导下，组织本单位的重伤和重大险肇事故的调查，参加事故分析并研究对事故责任者的追究处理，提出针对性的防范措施。参加生产、设备、运输、火灾事故的调查分析和处理。

（7）组织本单位班组安全员及员工的安全教育培训；配合公司安全环保部组织好各级责任人和特殊工种安全培训、考试，配合有关科室，落实新入厂员工的"三级安全教育"。

（8）负责总结、宣传、推广本单位内安全生产的新成果、新经验；与工会配合组织本单位的安全生产竞赛、评比与考核。

（9）负责组织检查评价本单位各部门、各车间主要领导安全生产责任制落实情况。

　　B　车间（部门）安全员的安全生产管理职责

　　（1）在车间主任（部长）的领导下，协助贯彻执行有关安全生产的规章制度，并接受上级安全部门的业务指导。

　　（2）负责本单位日常安全管理工作，负责组织检查指导班组安全工作，提高班组安全管理水平；定期开展本单位周安全生产风险预警分析。

　　（3）协助领导修订本单位安全管理细则、岗位安全规程，制定临时性危险作业的安全措施，开展定期的安全检查，对查出的问题登记、上报并督促按期整改；参加小修及以上工程方案的会审，竣工验收。

　　（4）负责组织各类人员车间级的安全教育培训和考试，并做好登记、上报工作。

　　（5）经常检查员工对安全生产规章制度的执行情况，制止违章指挥和违章作业，对于危及员工生命安全的重大隐患，有权停止生产，立即上报；负责本单位范围内 B、C 级危险源控制点的安全控制管理。

　　（6）参加轻伤和重大险肇事故的调查、分析、处理并考核，提出防范措施；负责伤亡事故、违制的统计上报和轻伤、重大险肇事故调查报告的起草。

　　C　班组安全员的安全管理职责

　　（1）做好本班组的安全管理，组织好各项安全活动和危险预知活动；督促本区域危险源控制点的控制管理；接受上级安全部门或人员的业务指导，并有义务如实汇报本班组安全生产情况。

　　（2）督促检查本班组员工执行各项安全制度，发现问题有权进行制止、批评教育和上报，并按规定提出考核意见。

　　（3）督促检查本班组工人执行各项安全制度，发现问题有权制止、批评和上报。

　　（4）督促本班组人员进行安全教育，提高全员安全生产意识和技术技能。

　　（5）对生产设备防护设施、工作环境进行监督检查，发现隐患及时报告，督促解决。

　　（6）制止违章指挥，违章作业，发现明显危及工人生命安全的紧急情况时，应立即报告并组织职工采取必要的避险措施或及时撤离现场。

　　（7）积极提出各项合理化建议，不断改善劳动条件和作业环境；发生伤亡事故，立即上报，迅速参加抢险、急救工作并协助保护事故现场。

　　D　班组安全值日员的安全管理职责

　　（1）协助班长做好班员上岗前工前 5 分钟的安全确认，做好"两必须"，执行"五不准"。

　　（2）抓好安全标准化的操作，检查班组区域安全设施、危险源点运行状况，发现隐患及时报告。

　　（3）在设备检修时，负责对停送电和联保互保等制度的检查，使安全确认制在全体班员中得到落实。

　　（4）制止违章行为，有权拒绝上级管理人员的违章指挥。

　　（5）有权对安全工作提出改进意见，努力创建安全和谐班组。

2.2.4　员工安全管理职责

　　烧结厂员工安全管理职责包括：

（1）在作业过程中应当严格遵守安全生产规章制度和操作规程，服从管理，正确佩戴和使用劳动防护用品。

（2）自觉接受安全生产教育培训，掌握本职业、岗位所需的安全生产知识，提高安全生产技能，增强事故预防和应急处理能力。

（3）发现事故隐患或者其他不安全因素，应当立即向现场安全管理人员或者本单位负责人报告。

3 烧结安全生产规章制度

3.1 安全生产法律基础知识

安全生产是指通过人、机、环境三者的和谐运作，使社会生产活动中危及劳动者生命安全和身体健康的各种事故风险和伤害因素始终处于有效控制的状态。

3.1.1 安全生产立法的必要性

3.1.1.1 安全生产立法的含义

安全生产立法有两层含义：一是泛指国家立法机关和行政机关依照法定职权和法定程序制定、修订有关安全生产方面的法律、法规、规章的活动。二是专指国家制定的现行有效的安全生产法律、行政法规、地方性法规和部门规章、地方政府规章等安全生产规范性文件。安全生产立法在实践中通常特指后者。

3.1.1.2 加强安全生产立法的必要性

安全生产事故频繁，死伤众多，不仅影响了经济发展和社会稳定，而且损害了党、政府和我国改革开放的形象。导致我国安全生产水平较低的原因是多方面、深层次的，安全生产法制不健全是其主要原因之一，突出表现在：

（1）安全生产法律意识淡薄。

（2）安全生产出现了新情况、新问题，亟待依法规范。在我国社会生产力总体水平比较低下的条件下，非国有生产经营单位存在着生产安全条件差、安全技术装备陈旧落后、安全投入少、企业负责人和从业人员安全素质低、安全管理混乱、不安全因素和事故隐患多的严重问题。

（3）综合性的安全生产立法滞后。

（4）政府机构改革和职能转变后，没有依法确立综合监管与专项监管相结合的安全生产监管体制，尚未建立健全依法监管的长效机制。

（5）缺乏强有力的安全生产执法手段。

加强安全生产立法，其必要性主要体现在 4 个方面：

（1）它是依法加强监督管理，保证各级安全监督管理部门依法行政的需要。

（2）它是依法规范安全生产的需要。

（3）它是制裁安全生产违法行为，保护人民群众生命和财产安全的需要。

（4）它是建立健全我国安全生产法律体系的需要。

3.1.2 安全生产立法的重要意义

以《安全生产法》的颁布实施为标志，我国安全生产立法进入了全面发展的新阶段，尤其是《安全生产法》的出台，对全面加强我国安全生产法制建设，激发全社会对公民生命权的珍视和保护，提高全民族的安全法律意识，规范生产经营单位的安全生产，强化安全生产监督管理，遏制重大、特大事故，促进经济发展和保持社会稳定都具有重大的现实意义。

（1）有利于全面加强我国安全生产法律、法规体系建设。

（2）有利于保障人民群众生命和财产安全。

（3）有利于依法规范生产经营单位的安全生产工作。

（4）有利于各级人民政府加强对安全生产工作的领导。

（5）有利于安全生产监管部门和有关部门依法行政，加强监督管理。

（6）有利于提高从业人员的安全素质。

（7）有利于增强全体公民的安全法律意识。

（8）有利于制裁各种安全违法行为。

3.2 烧结生产相关法规解读

3.2.1 安全生产法

全国人大常委会于 2014 年 8 月 31 日表决通过关于修改安全生产法的决定。新安全生产法（简称新法）从强化安全生产工作的地位，进一步落实生产经营单位主体责任，政府安全监管定位和加强基层执法力量、强化安全生产责任追究四个方面入手，着眼于安全生产现实问题和发展要求，补充完善了相关法律制度规定。与烧结生产相关的新法内容如下。

3.2.1.1 建立完善安全生产方针和工作机制

新法确立了"安全第一、预防为主、综合治理"的安全生产工作"十二字方针"，明确了安全生产的重要地位、主体任务和实现安全生产的根本途径。

"安全第一"要求从事生产经营活动必须把安全放在首位，不能以牺牲人的生命、健康为代价换取发展和效益。

"预防为主"要求把安全生产工作的重心放在预防上，强化隐患排查治理，"打非治违"，从源头上控制、预防和减少生产安全事故。

"综合治理"要求运用行政、经济、法治、科技等多种手段，充分发挥社会、职工、舆论监督各个方面的作用，抓好安全生产工作。

坚持"十二字方针"，总结实践经验，新法明确要求建立生产经营单位负责、职工参与、政府监管、行业自律、社会监督的机制，进一步明确各方安全生产职责。做好安全生产工作，落实生产经营单位主体责任是根本，职工参与是基础，政府监管是关键，行业自律是发展方向，社会监督是实现预防和减少生产安全事故目标的保障。

3.2.1.2　完善建设项目"三同时"制度

A　扩大建设项目进行安全条件论证和安全评价的范围

规定冶金、使用危险物品从事生产并且使用量达到规定数量的单位的建设项目，以及其他风险较大的重点建设项目必须进行安全条件论证和预评价。

B　明确建设项目竣工验收的程序

高危建设项目经安全生产监督管理部门或者有关部门对安全设施进行验收，验收合格后，方可投入生产和使用。安全风险较大的重点建设项目竣工验收后，其安全设施验收报告应当按照国家有关规定报安全生产监督管理部门或者有关部门备案，安全生产监督管理部门和有关部门应当进行抽查，依法抽查不合格的，不得投入生产和使用。

3.2.1.3　补充安全文化建设内容

A　加强生产经营单位安全文化建设

生产经营单位应当加强安全文化建设，建立完善安全生产绩效考核奖惩制度，促进从业人员遵章守纪。生产经营单位应当组织从业人员每月至少开展一次安全生产知识方面的宣传教育活动，培养从业人员安全生产意识、习惯和技能。安全生产活动情况应当记录备查。生产经营单位的车间（区队）应当每周至少召开一次安全会，分析安全生产情况；班组应当每日召开一次班前会，并对所辖作业区域至少进行一次安全巡查，查明作业场所和工作岗位可能存在的重大危险和事故隐患，提出防范和整改措施。车间（区队）安全会、班组安全巡查情况应当记录备查。

B　推进安全生产诚信体系建设

发生重大、特别重大生产安全责任事故或者一年内发生两次以上较大生产安全责任事故并负主要责任，以及存在重大隐患整改不力的生产经营单位，由有关部门依照有关规定限制其新增项目核准、用地审批、证券融资和银行贷款。

3.2.1.4　补充了生产安全事故应急救援的规定

A　生产经营单位制定应急预案和演练

生产经营单位应当按照有关规定制定生产安全事故应急预案，报安全生产监督管理部门和有关部门备案，并定期进行演练。生产安全事故应急预案应当根据安全生产实际情况适时修订。

B　应急救援费用的承担

因事故救援发生的费用，由事故发生单位承担；事故发生单位无力承担的，由所在地人民政府解决。

3.2.1.5　强化生产经营单位安全生产主体责任

A　增设生产经营单位主要负责人安全职责的内容

生产经营单位主要负责人负有确定符合条件的分管安全生产的负责人、技术负责人，组织开展本单位的安全生产教育培训和应急演练工作，组织开展安全生产标准化建设，实施本单位的职业危害预防工作，保障从业人员的职业健康等职责，并且应当每年向职工代表大会、职工大会、股东大会报告，接受监督。

B 规定建立职工安全教育和培训档案

在现行法规定生产经营单位应当对从业人员进行安全生产教育和培训的基础上，为督促生产经营单位切实做好安全生产教育和培训工作，规定生产经营单位应当建立安全生产教育和培训档案，如实记录安全生产教育和培训的时间、内容、参加人员以及考核结果等情况。

C 明确劳务派遣用工的安全管理责任

目前劳务派遣形式用工比较普遍，用工单位、派遣单位相互回避责任的情况十分严重，从业人员安全培训不到位的现象较多。新法对劳务派遣用工的安全责任做出了规定，明确使用劳务派遣人员的生产经营单位将现场劳务派遣人员纳入本单位从业人员统一管理，履行安全生产保障责任。

3.2.1.6 建立安全生产标准化制度

安全生产标准化是在传统的安全质量标准化基础上，根据当前安全生产工作的要求、企业生产工艺特点，借鉴国外现代先进安全管理思想，形成的一套系统的、规范的、科学的安全管理体系。

国家推行安全生产标准化建设，生产经营单位应当开展以岗位达标、专业达标和企业达标为内容的安全生产标准化建设，加强安全生产基础工作。安全生产标准化等级与工伤保险费率挂钩。

3.2.1.7 建立预防安全生产事故的制度

新法把加强事前预防、强化隐患排查治理作为一项重要内容：

一是生产经营单位必须建立生产安全事故隐患排查治理制度，采取技术、管理措施及时发现并消除事故隐患，并向从业人员通报隐患排查治理情况的制度。

二是政府有关部门要建立健全重大事故隐患治理督办制度，督促生产经营单位消除重大事故隐患。

三是对未建立隐患排查治理制度、未采取有效措施消除事故隐患的行为，设定了严格的行政处罚。

四是赋予负有安全监管职责的部门对拒不执行执法决定、有发生生产安全事故现实危险的生产经营单位依法采取停电、停供民用爆炸物品等措施，强制生产经营单位履行决定的权力。

3.2.1.8 推进安全生产责任保险制度

新法总结近年来的试点经验，通过引入保险机制，促进安全生产，规定国家鼓励生产经营单位投保安全生产责任保险。

安全生产责任保险具有其他保险所不具备的特殊功能和优势：

一是增加事故救援费用和第三人（事故单位从业人员以外的事故受害人）赔付的资金来源，有助于减轻政府负担，维护社会稳定。

二是有利于现行安全生产经济政策的完善和发展。2005 年起实施的高危行业风险抵押金制度存在缴存标准高、占用资金量大、缺乏激励作用等不足。目前，湖南、上海等省（直辖市）已经通过地方立法允许企业自愿选择责任保险或者风险抵押金，受到企业的广泛欢迎。

三是通过保险费率浮动、引进保险公司参与企业安全管理，有效促进企业加强安全生产工作。

3.2.1.9　加大对安全生产违法行为的责任追究力度

A　规定事故行政处罚和终身行业禁入

第一，将行政法规的规定上升为法律条文，按照两个责任主体、四个事故等级，设立了对生产经营单位及其主要负责人的八项罚款处罚规定。

第二，大幅提高对事故责任单位的罚款金额：一般事故罚款二十万元至五十万元，较大事故五十万元至一百万元，重大事故一百万元至五百万元，特别重大事故五百万元至一千万元；特别重大事故的情节特别严重的，罚款一千万元至两千万元。

第三，进一步明确主要负责人对重大、特别重大事故负有责任的，终身不得担任本行业生产经营单位的主要负责人。

B　加大罚款处罚力度

结合各地区经济发展水平、企业规模等实际，新法维持罚款下限基本不变，将罚款上限提高了2~5倍，并且大多数处罚则不再将限期整改作为前置条件，反映了"打非治违""重典治乱"的现实需要，强化了对安全生产违法行为的震慑力，也有利于降低执法成本、提高执法效能。

C　建立严重违法行为公告和通报制度

要求负有安全生产监督管理职责的部门建立安全生产违法行为信息库，如实记录生产经营单位的安全生产违法行为信息；对违法行为情节严重的生产经营单位，应当向社会公告，并通报行业主管部门、投资主管部门、国土资源主管部门、证券监督管理部门和有关金融机构。

D　加大安全生产违法行为的处罚范围

劳务派遣单位未对劳务派遣人员进行必要的安全生产教育和培训，或者使用劳务派遣人员的生产经营单位未对劳务派遣人员进行岗位安全操作规程和安全操作技能的教育和培训的，责令限期改正，可以并处五万元以下的罚款；生产经营单位进行临近高压输电线路作业，危险场所动火作业，在有限空间内作业以及爆破、吊装、悬吊、挖掘、建筑物和构筑物拆除等危险作业，未执行有关危险作业管理制度，或者未安排专门人员进行现场安全管理的，责令限期改正，处五万元以上二十万元以下的罚款；逾期未改正的，责令停产停业整顿，可以并处两万元以上十万元以下的罚款；造成严重后果，构成犯罪的，依照刑法有关规定追究刑事责任。

3.2.2　劳动合同法

《中华人民共和国劳动合同法》是为了完善劳动合同制度，明确劳动合同双方当事人的权利和义务，保护劳动者的合法权益，构建和发展和谐稳定的劳动关系而制定的。

《劳动合同法》秉承"向劳动者倾斜，向弱势者倾斜"的法治精神，对于企业的影响不仅仅体现在"劳动合同"的订立、履行、变更、解除、终止上，还体现在工资支付、规章制度制定以及用工方式的选择等方面。

在新的法律模式下，企业的告知义务、履行法律程序的义务、解除和终止劳动合同的附随义务大大增加，企业的用工成本也将大幅度增加，辞退劳动者将变得越来越难，违法用工、违法辞退劳动者将面临更为严厉的惩罚。这些深度影响都为企业劳动用工管理提出了更高的要求，法律将成为企业劳动用工的底线，严格依法管理、规范劳动用工将成为企业最大挑战。

3.2.2.1 劳动合同的订立

《劳动合同法》规定：自用工之日起一个月内，经用人单位书面通知后，劳动者不与用人单位订立书面劳动合同的，用人单位应当书面通知劳动者终止劳动关系，无需向劳动者支付经济补偿，但是应当依法向劳动者支付其实际工作时间的劳动报酬。

《劳动合同法》要求用人单位必须在用工之日起一个月内与劳动者签订劳动合同，如自用工之日起超过一个月不满一年未与劳动者订立书面劳动合同的，应当向劳动者每月支付两倍的工资。这样导致了实践中出现一部分劳动者在用人单位要求签订劳动合同时借故不签订劳动合同想获取双倍工资的现象，这个规定给了用人单位一个终止劳动关系的选择权，用人单位需举证证明已经书面通知劳动者签订合同，而劳动者不签订书面劳动合同，因此，用人单位应当具有证据意识，在书面通知送达时应当有劳动者的签收证据或其他可证明已经向劳动者送达书面通知的证据。

《劳动合同法》规定，用人单位自用工之日起超过一个月不满一年未与劳动者订立书面劳动合同的，应当按规定向劳动者每月支付两倍的工资，并与劳动者补订书面劳动合同；劳动者不与用人单位订立书面劳动合同的，用人单位应当书面通知劳动者终止劳动关系，并依照劳动合同法第四十七条的规定支付经济补偿。

本条规定了用人单位自用工之日起超过一个月不满一年未与劳动者订立书面劳动合同的处理方式。用人单位支付两倍工资的同时还负有补订书面劳动合同的义务。由于实践中有些劳动者出于某些目的，可能会拒绝补订书面劳动合同，本条同样了用人单位一个终止劳动关系的选择权，避免僵局的产生。

3.2.2.2 劳动合同的解除和终止

《劳动合同法》规定，有下列情形之一的，依照劳动合同法规定的条件、程序，用人单位可以与劳动者解除固定期限劳动合同、无固定期限劳动合同或者以完成一定工作任务为期限的劳动合同：

（1）用人单位与劳动者协商一致的。

（2）劳动者在试用期间被证明不符合录用条件的。

（3）劳动者严重违反用人单位的规章制度的。

（4）劳动者严重失职，营私舞弊，给用人单位造成重大损害的。

（5）劳动者同时与其他用人单位建立劳动关系，对完成本单位的工作任务造成严重影响，或者经用人单位提出，拒不改正的。

（6）劳动者以欺诈、胁迫的手段或者乘人之危，使用人单位在违背真实意思的情况下订立或者变更劳动合同的。

（7）劳动者被依法追究刑事责任的。

（8）劳动者患病或者非因工负伤，在规定的医疗期满后不能从事原工作，也不能从事由用人单位另行安排的工作的。

（9）劳动者不能胜任工作，经过培训或者调整工作岗位，仍不能胜任工作的。

（10）劳动合同订立时所依据的客观情况发生重大变化，致使劳动合同无法履行，经用人单位与劳动者协商，未能就变更劳动合同内容达成协议的。

（11）用人单位依照企业破产法规定进行重整的。

（12）用人单位生产经营发生严重困难的。

（13）企业转产、重大技术革新或者经营方式调整，经变更劳动合同后，仍需裁减人员的。

（14）其他因劳动合同订立时所依据的客观经济情况发生重大变化，致使劳动合同无法履行的。

本条规定了劳动合同可以解除的 14 种情形，消除用人单位不能解除劳动合同的误解，即无固定期限劳动合同不是"铁饭碗"，在符合法定条件下同样可以解除。

3.2.2.3　劳务派遣特别规定

A　劳务派遣用工形式

单位不得以非全日制用工形式招用被派遣劳动者。劳动合同用工是我国的企业基本用工形式。劳务派遣用工是补充形式，只能在临时性、辅助性或者替代性的工作岗位上实施。

B　劳务派遣报酬分配

劳务工劳动报酬分配实行同工同酬，被派遣劳动者享有与用工单位的劳动者同工同酬的权利。用工单位应当按照同工同酬原则，对被派遣劳动者与本单位同类岗位的劳动者实行相同的劳动报酬分配办法。用工单位无同类岗位劳动者的，参照用工单位所在地相同或者相近岗位劳动者的劳动报酬确定。

劳务派遣单位与被派遣劳动者订立的劳动合同和与用工单位订立的劳务派遣协议，载明或者约定的向被派遣劳动者支付的劳动报酬应当符合上述规定。

C　劳务派遣单位具备的资质

（1）注册资本不得少于人民币两百万元。

（2）有与开展业务相适应的固定的经营场所和设施。

（3）有符合法律、行政法规规定的劳务派遣管理制度。

（4）法律、行政法规规定的其他条件。

经营劳务派遣业务，应当向劳动行政部门依法申请行政许可；经许可的，依法办理相应的公司登记。未经许可，任何单位和个人不得经营劳务派遣业务。

D　法津责任

用工单位违反《劳动合同法》和本条例有关劳务派遣规定的，由劳动行政部门和其他有关主管部门责令改正；情节严重的，以每位被派遣劳动者 1000 元以上 5000 元以下的标准处以罚款；给被派遣劳动者造成损害的，劳务派遣单位和用工单位承担连带赔偿责任。

3.2.3 职业病防治法

《中华人民共和国职业病防治法》（以下简称《职业病防治法》）所称职业病，是指企业、事业单位和个体经济组织（以下统称用人单位）的劳动者在职业活动中，因接触粉尘、放射性物质和其他有毒、有害物质等因素而引起的疾病。

职业病防治工作是以坚持预防为主、防治结合的方针，实行分类管理、综合治理。

3.2.3.1 职业卫生要求

《职业病防治法》第十三条规定，产生职业病危害的用人单位的设立除应当符合法律、行政法规规定的设立条件外，其工作场所还应当符合下列职业卫生要求：

（1）职业病危害因素的强度或者浓度符合国家职业卫生标准。

（2）有与职业病危害防护相适应的设施。

（3）生产布局合理，符合有害与无害作业分开的原则。

（4）有配套的更衣间、洗浴间、孕妇休息间等卫生设施。

（5）设备、工具、用具等设施符合保护劳动者生理、心理健康的要求。

（6）法律、行政法规和国务院卫生行政部门关于保护劳动者健康的其他要求。

3.2.3.2 职业病危害项目申报与评价

《职业病防治法》第十四条规定，在卫生行政部门中建立职业病危害项目的申报制度。用人单位设有依法公布的职业病目录所列职业病的危害项目的，应当及时、如实向卫生行政部门申报，接受监督。

《职业病防治法》第十五条、第十六条规定，新建、扩建、改建建设项目和技术改造、技术引进项目（以下统称建设项目）可能产生职业病危害的，建设单位在可行性论证阶段应当向卫生行政部门提交职业病危害预评价报告。卫生行政部门应当自收到职业病危害预评价报告之日起三十日内，做出审核决定并书面通知建设单位。未提交预评价报告或者预评价报告未经卫生行政部门审核同意的，有关部门不得批准该建设项目。

3.2.3.3 劳动过程中的防护与管理

产生职业危害的用人单位应当根据《职业病防治法》第十九条规定采取下列职业病防治管理措施，设置或者指定职业卫生管理机构或者组织，配备专职或者兼职的职业卫生专业人员，负责本单位的职业病防治工作：

（1）制定职业病防治计划和实施方案。

（2）建立、健全职业卫生管理制度和操作规程。

（3）建立、健全职业卫生档案和劳动者健康监护档案。

（4）建立、健全工作场所职业病危害因素监测及评价制度。

（5）建立、健全职业病危害事故应急救援预案。

3.2.3.4　职业病防护

用人单位必须采用有效的职业病防护设施，并为劳动者提供个人使用的职业病防护用品；用人单位为劳动者个人提供的职业病防护用品必须符合防治职业病的要求，不符合要求的，不得使用；用人单位应当优先采用有利于防治职业病和保护劳动者健康的新技术、新工艺、新材料，逐步替代职业病危害严重的技术、工艺、材料；产生职业病危害的用人单位，应当在醒目位置设置公告栏，公布有关职业病防治的规章制度、操作规程、职业病危害事故应急救援措施和工作场所职业病危害因素检测结果；对产生严重职业病危害的作业岗位，应当在其醒目位置，设置警示标识和中文警示说明。警示说明应当载明产生职业病危害的种类、后果、预防以及应急救治措施等内容；对可能发生急性职业损伤的有毒、有害工作场所，用人单位应当设置报警装置，配置现场急救用品、冲洗设备、应急撤离通道和必要的泄险区。

3.2.4　工伤保险条例

《工伤保险条例》是为了保障因工作遭受事故伤害或者患职业病的职工获得医疗救治和经济补偿，促进工伤预防和职业康复，分散用人单位的工伤风险而制定的，并于2004年1月1日起施行。《国务院关于修改〈工伤保险条例〉的决定》于2010年12月8日国务院第136次常务会议通过，自2011年1月1日起施行。

（1）中华人民共和国境内的企业、事业单位、社会团体、民办非企业单位、基金会、律师事务所、会计师事务所等组织和有雇工的个体工商户（以下称用人单位）应当依照本条例规定参加工伤保险，为本单位全部职工或者雇工（以下称职工）缴纳工伤保险费。

（2）国家根据不同行业的工伤风险程度确定行业的差别费率，并根据工伤保险费使用、工伤发生率等情况在每个行业内确定若干费率档次。行业差别费率及行业内费率档次由国务院社会保险行政部门制定，报国务院批准后公布施行。

（3）工伤保险基金逐步实行省级统筹。

（4）职工在上下班途中，受到非本人主要责任的交通事故或者城市轨道交通、客运轮渡、火车事故伤害的，认定为工伤。

（5）以下情况不得认定为工伤或者视同工伤：故意犯罪的；醉酒或者吸毒的；自残或者自杀的。

（6）社会保险行政部门应当自受理工伤认定申请之日起60日内做出工伤认定的决定，并书面通知申请工伤认定的职工或者其近亲属和该职工所在单位；社会保险行政部门对受理的事实清楚、权利义务明确的工伤认定申请，应当在15日内做出工伤认定的决定。

（7）一次性工亡补助金标准为上一年度全国城镇居民人均可支配收入的20倍。

3.3　烧结生产主要安全管理规章制度

3.3.1　安全教育培训制度

3.3.1.1　一般从业人员安全教育

一般从业人员是指除主要负责人、安全生产管理人员以外，生产经营单位从事生产经营活动的所有人员（包括临时聘用人员）。其教育内容如下。

A　三级安全教育培训

三级安全教育是指厂、车间、班组的安全教育。

（1）厂级安全生产教育培训是入厂教育的一个重要内容，其重点是生产经营单位安全风险辨识、安全生产管理目标、规章制度、劳动纪律、安全考核奖惩、从业人员的安全生产权利和义务、有关事故案例等。

（2）车间级安全生产教育培训是在从业人员工作岗位、工作内容基本确定后进行，由车间一级组织。培训内容重点是：本岗位工作及作业环境范围内的安全风险辨识、评价和控制措施；典型事故案例；岗位安全职责、操作技能及强制性标准；自救互救、急救方法、疏散和现场紧急情况的处理；安全设施、个人防护用品的使用和维护。

（3）班组级安全生产教育培训是在从业人员工作岗位确定后，由班组组织的，除班组长、班组技术员、安全员对其进行安全教育培训外，自我学习是重点。进入班组的新从业人员，都应有具体的跟班学习、实习期，实习期间不得安排单独上岗作业。实习期满，通过安全规程、业务技能考试合格方可独立上岗作业。班组安全教育培训的重点是岗位安全操作规程、岗位之间工作衔接配合、作业过程的安全风险分析方法和控制对策、事故案例等。

新从业人员安全生产教育培训时间不得少于 24 学时，每年接受再培训的时间不得少于 8 学时。

B　调整工作岗位或离岗后重新上岗安全教育培训

从业人员调整工作岗位后，由于岗位工作特点、要求不同，应重新进行新岗位安全教育培训，并经考试合格后方可上岗作业。

由于工作需要或其他原因离开岗位后，重新上岗作业应重新进行安全教育培训，经考试合格后，方可上岗作业。根据烧结工序作业的特点，时间间隔规定为 6 个月。

调整工作岗位和离岗后重新上岗的安全教育培训工作，原则上应由车间级组织。

C　岗位安全教育培训

岗位安全教育培训是指连续在岗位工作的安全教育培训工作，主要包括日常安全教育培训、定期安全考试和专题安全教育培训三个方面。

（1）日常安全教育培训工作，主要以车间、班组为单位组织开展，重点是安全操作规程的学习培训、安全生产规章制度的学习培训、作业岗位安全风险辨识培训、事故案例教育等。日常安全教育培训工作形式多样，主要包括：班前会、班后会制度，安全日活动制度。班前会，在布置当天工作任务的同时，开展作业前安全风险分析，制定预控措施，明确工作的监护人等。班后会，工作结束后，对当天作业的安全情况进行总结分析、点评等。"安全日活动"，即每周必须安排半天的时间统一由班组或车间组织安全学习培训，企业的领导、职能部门的领导及专职安全监督人员深入班组参加活动。

（2）定期安全考试是指烧结厂组织的定期安全工作规程、规章制度、事故案例的学习和培训，学习培训的方式较为灵活，但考试统一组织。定期安全考试不合格者，应下岗接受培训，考试合格后方可上岗作业。

（3）专题安全教育培训，是指针对某一具体问题进行专门的培训工作。专题安全教育培训工作，针对性强，效果比较突出。通常开展的内容有：三新安全教育培训、法律法规及规章制度培训、事故案例培训、安全知识竞赛比武等。

三新教育培训是生产经营单位实施新工艺、新技术、新设备（新材料）时，组织相关岗位对从业人员进行有针对性的安全生产教育培训。法律法规及规章制度培训是指国家颁布的有关安全生产法律法规，或生产经营单位制定新的有关安全生产规章制度后，组织开展的培训活动。事故案例培训是指在生产经营单位发生生产安全事故或获得与本单位生产经营活动相关的事故案例信息后，开展的安全教育培训活动。有条件的烧结厂还应该举办经常性的安全生产知识竞赛、技术比武等活动，提高从业人员对安全教育培训的兴趣，推动岗位学习和练兵活动。

在安全生产的具体实践过程中，烧结厂还可采取其他宣传教育培训的方式方法，如班组安全管理制度，警句、格言上墙活动，利用闭路电视、报纸、黑板报、橱窗等进行安全宣传教育，利用漫画等形式解释安全规程制度，在曾经发生过生产安全事故的地点设置警示牌，组织事故回顾展览等。

烧结厂应以国家组织开展的"全国安全生产月"活动为契机，结合生产经营的性质、特点，开展内容丰富、灵活多样、具有针对性的各种安全教育培训活动，提高各级人员的安全意识和综合素质。

3.3.1.2　特种作业（特种设备作业）人员安全技术培训

特种作业人员指直接从事特种作业的从业人员。特种作业是指容易发生事故，对操作者本人、他人的安全健康及设备、设施的安全可能造成重大危害的作业。

与烧结相关的特种设备作业人员包括锅炉、压力容器（含气瓶）、压力管道、电梯、起重机械、场（厂）内专用机动车辆等设备的作业人员。

特种作业人员要求如下：

特种作业人员必须经专门的安全技术培训并考核合格，取得《中华人民共和国特种作业操作证》（以下简称特种作业操作证）后，方可上岗作业。特种作业人员的安全技术培训、考核、发证、复审工作实行统一监管、分级实施、教考分离的原则。特种作业人员应当接受与其所从事的特种作业相应的安全技术理论培训和实际操作培训。

特种作业操作证有效期为6年，在全国范围内有效。特种作业操作证有安全监管总局统一式样、标准及编号。特种作业操作证每3年复审1次。特种作业人员在特种作业操作证有效期内，连续从事本工种10年以上，严格遵守有关安全生产法律法规的，经原考核发证机关或者从业所在地考核发证机关同意，特种作业操作证的复审时间可以延长至每6年1次。

特种作业操作证申请复审或者延期复审前，特种作业人员应当参加必要的安全培训并考试合格。安全培训时间不少于8个学时，主要培训法律、法规、标准、事故案例和有关新工艺、新技术、新装备等知识。再复审、延期复审仍不合格，或者未按期复审的，特种作业操作证失效。

3.3.1.3　管理人员安全教育

A　对主要负责人的安全教育培训

a　初次培训的主要内容

（1）国家安全生产方针、政策和有关安全生产的法律、法规、规章及标准。

（2）安全生产管理基本知识、安全生产技术、安全生产专业知识。

（3）重大危险源管理、重大事故防范、应急管理和救援组织以及事故调查处理的有关规定。

（4）职业危害及其预防措施。

（5）国内外先进的安全生产管理经验。

（6）典型事故和应急救援案例分析。

（7）其他需要培训的内容。

b　再培训内容

对已经取得上岗资格证书的有关领导，应定期进行再培训。再培训的主要内容是新知识、新技术和新颁布的政策、法规：有关安全生产的法律、法规、规章、规程、标准和政策；安全生产的新技术、新知识；安全生产管理经验；典型事故案例。

c　培训时间

烧结主要负责人安全生产管理培训时间不得少于 32 学时；每年再培训时间不得少于 12 学时。

B　对安全生产管理人员教育培训

a　初次培训的主要内容

（1）国家安全生产方针、政策和有关安全生产的法律、法规、规章及标准。

（2）安全生产管理、安全生产技术、职业卫生等知识。

（3）伤亡事故统计、报告及职业危害的调查处理方法。

（4）应急管理、应急预案编制以及应急处置的内容和要求。

（5）国内外先进的安全生产管理经验。

（6）典型事故和应急救援案例分析。

（7）其他需要培训的内容。

b　再培训的主要内容

对已经取得上岗资格证书的有关人员，应定期进行再培训。再培训的主要内容是新知识、新技术和新颁布的政策、法规：有关安全生产的法律、法规、规章、规程、标准和政策；安全生产的新技术、新知识；安全生产管理经验；典型事故案例。

c　培训时间

烧结厂安全生产管理人员安全生产管理培训时间不得少于 32 学时；每年再培训时间不得少于 12 学时。

3.3.2　安全联保互保制度

3.3.2.1　职工互保制度

职工自愿或领导指派组成的长期或临时互保对子，均要严肃认真签订互保合同。互保合同内容如下：

（1）认真贯彻执行"安全第一，预防为主，综合治理"方针。互保双方互相督促，积极参加各项安全活动，共同努力学习和掌握劳动保护知识等，不断提高安全思想意识和自我保护能力。

（2）互保双方互相监督，共同严格遵守各项安全制度，切实做到人人无违章。

（3）在生产（检修）过程中，互保双方认真做到"四互三保"，即：班前互相检查穿戴好劳动保护用品，班中互相监督执行规章制度，生产抢修时互相提醒安全注意事项，班后互相进行安全小结，保证双方无"双违"，保证安全地完成各项任务，保证双方高高兴兴上班，安安全全回家。

（4）互保双方如一方违规违制，另一方有权利和义务制止，对不听从劝告者，要严加处理；对避免发生事故或及时防止事故扩大的有功者，要给予表扬和奖励。

（5）互保双方如一方出现违章现象或人身、设备、操作事故，除按规定处罚当事人外，其互保对象按当事人受罚金额的 30% ~ 50% 扣除奖金或罚款。

（6）长期互保和临时互保，在互保合同生效期内，均负有本合同规定的同等权利和义务及责任。

3.3.2.2　责任联保制度

厂领导和职能科室与车间挂钩，调度室与班组分片挂钩，其职责如下：

（1）协助车间督促、检查班组劳动纪律和安全规程执行情况，保证安全生产。

（2）挂钩人员每月至少到所挂钩车间（部门）参加一次例会和班组安全日活动，要努力为基层安全生产创造条件，使事故隐患及时反馈和整改。

（3）被联保单位如发生人身伤害事故，联保负责人应相应受到处罚。

各车间领导分片包干联保，车间领导对其联保的班组的安全管理、职工教育、安全检查及事故隐患整改等，都要亲自检查，发现问题及时解决。

3.3.2.3　当班联保互保信息反馈制度

当班联保互保信息反馈要求如下：

（1）凡集体作业，作业前要确认联保互保对子，作业中有人监护，作业负责人要随时掌握作业动态，及时纠正违章行为；中途临时离场者要请假，未经批准不准随意离岗；作业完毕后（或暂停作业），要清查人数。

（2）当班生产岗位人员处理各类故障，必须向班组长报告，按联保互保条例和作业规定进行处理，不准在安全措施未到位的情况下，冒险作业。

（3）各生产岗位要认真落实好"班中联系"制度，上下岗位之间每隔 1 小时联系一次，通报本岗位生产及安全有关事项。

（4）班组长除了强化班中检查外，每隔 4 小时报告一次人员活动情况，中控室认真做好"班中联系"情况的记录。

（5）生产作业中若变更作业线或重新开机生产，必须得到岗位的确认报告后，方能联锁启动，不得擅自开机。

3.3.3　班组安全管理制度

为了进一步强化班组安全管理，提高职工的安全意识及安全技能；夯实班组安全标准化建设基础，逐步实现班组安全标准化、规范化、制度化，确保安全生产，制定了本制度。

（1）班组长是班组安全管理第一责任者，对班组的安全生产负全面责任。

除设置班组长外，班组应配备安全员和劳动保护检查员，安全员可由班组长兼任。劳动保护检查员协助班组长做好班组安全工作。班组长必须经过安全培训，合格后方可上岗。

（2）以"5831"模型为基本管理模式开展班组安全管理标准化建设。

"5831"模型：即五项基础、八大支柱、三项支撑和一个目标。

五项基础：岗位与职责、规章制度、培训教育、管理台账、设备设施。

八大支柱：作业准备、班前班后会、危险辨识、隐患排查与治理、作业行为管理、作业过程控制、作业现场管理、标准化作业。

三项支撑：安全管理活动、职业健康、应急预案与事故处理。

一个目标：本质安全零事故。

（3）落实管理人员挂钩班组安全工作制度。各挂钩管理人员应对照"5831"模型，加强对班组安全工作的指导，督促班组落实各项工作。

（4）落实岗位安全责任制、联保互保制、安全确认制等安全生产制度，建立班组班前会布置、交底、提醒和班后会总结、确认制度；推行行为观察、虚惊提案、KYT（危险预知训练）、手指口述等活动，强化作业过程中的操作确认及作业标准执行，开展隐患排查整改活动，组织好安全自检、互检和专检制度。

（5）落实事故报告与登记制度。班组发生各类安全事故（包括险肇事故）要及时登记、报告，分析原因，吸取教训，制定措施，避免类似事故的发生。班组成员发现事故隐患或者其他不安全因素，应当立即向现场安全生产管理人员或者本单位负责人报告；接到报告的人员应当及时予以处理。

（6）落实班组级安全教育，严格按照规定内容，对新员工、转岗、调换工种、复工等人员的安全教育，教育有记录，考试有试卷。从事特种作业人员必须持有特种作业操作证。

（7）落实班组安全检查制度。做好班前、班中、班后安全检查。每班检查危险源、重点部位、不可承受风险等的控制情况，查出问题及时处理、上报。

（8）按照"四落实"的要求开展班组周安全活动日，注重实效。

时间落实：班组每周（每循班）必须安排固定时间开展班组安全活动。

地点落实：各单位在指定的班组安全活动室进行安全活动。

人员落实：班组成员必须人人参加，不得无故缺席，对缺席者应由班长补课。所有参加者均须本人签名，严禁他人代签。

内容落实。班组安全活动内容原则上由厂统一安排。

（9）开展KYT活动，认真制定危险预知对策与措施。

以班前会、"工前五分钟"、作业前危险辨识的形式开展KYT活动。KYT活动由班组长或临时负责人主持，其主要内容包括：

1）总结前一天安全生产任务的完成情况并布置当天的主要工作任务；

2）清查班组人员，细心观察每人的精神状态和劳保用品穿戴情况，恰当分配工作任务并指定作业安全负责人；

3）对当天工作任务的条件及可能存在的危险因素进行辨识，经大家讨论后制定相应的危险预知对策与措施，并组织安全负责人和临时互保对子进行相互检查以督促措施落实。

上述内容应如实记录在安全活动记录本或者 KYT 卡上。当天出勤人员均应参加班前会，对未及时参加者，应在其上岗前进行补课交底并签名。

（10）厂级、车间级工会组织应结合"安全管理标准化班组"创建工作，广泛开展各种形式的班组安全竞赛活动，加强检查、指导、评比、考核。

3.3.4　安全生产费用管理制度

为了加强安全生产管理，保证安全生产费用的投入，构建安全生产长效机制，特制定本制度。

（1）安全部门负责全厂安全生产费用预算编制工作，按上级单位审批的费用标准，足额提取安全生产费用，执行"先申请、后使用"的规定。

（2）根据年度安全生产费用预算计划，安全生产费用主要包含以下项目：

1）停送电牌、危险源点控制牌、职业安全卫生警示标志标识牌等的制作费；

2）完善、改造和维护安全设备与安全设施费用；

3）安全教育培训费用，包括特种作业操作证取证、换证、复审费；管理人员安全培训取证费，安全培训教材、资料、宣传专栏、标语、横幅等的制作费；

4）危险源的监控费用，便携式、固定式一氧化碳报警仪、空气呼吸器检测费、充气费、购置费等；

5）事故隐患评估、安全评价、整改、应急救援演练、安全科研及安措项目费用；

6）法律、法规规定的其他费用，包括安全管理制度、记录本、评价本、安全交底单、安全协议书、各种台账、报刊杂志等。

（3）严格执行公司安全费用管理制度，明确安全费用使用管理的程序职责及权限。提取安全费用应当列入专项科目核算，按规定范围使用；安全生产费用的管理，实行收支两条线，经安全部门负责人、主管领导确认签字后，才能给予核算。

（4）安全生产费报经上级安全部门审批后方可使用，审批报告内容应包括安全生产费用使用的用途、所属类别、数量、预算费用，并经厂主管领导签字、单位盖公章。

（5）安全生产费用使用过程中如需工程招投标、安全设备设施采购、安全隐患整改等，需按要求报请相关部门办理。

（6）专人负责安全生产费用管理，及时将上季度《安全生产费用使用台账》报上级安全部门，厂安全部门每季度需向厂安委会报告安全生产费用的提取和使用情况。

3.3.5　劳动防护用品及保健管理制度

为了加强全厂劳动防护用品及保健的管理，保障员工人身安全和身体健康，结合实际制定本制度。

3.3.5.1　劳动防护用品管理

劳动防护用品是指为员工配备的、在劳动过程中免遭或减轻事故伤害及职业危害的个体防护装备。劳动防护用品管理内容如下：

（1）烧结厂内从事生产、管理的员工，按不同工作岗位和作业环境配发相应的劳动防护用品；劳务派遣人员，按照"谁用工，谁负责"的原则按要求配发劳动防护用品。

（2）特种劳动防护用品实行报废制度，失去防护功能的一律不准使用。安全帽、安全带（网）等特种劳动防护用品发放必须以旧换新，报废处置由供应单位统一处理。

劳动防护用品具有时效性，安全部门按产品说明书要求，及时更换、报废过期和失效的劳动防护用品。

（3）安全部门根据人力资源部门分配的工种及该工种岗位配备标准，建立职工个人劳动防护用品领用证，在领用证上按标准签发品名与使用期限，加盖公章。

（4）职工凭劳动防护用品领用证到相应供应部门领用配备的防护用品，相应供应部门根据安全部门签证的标准发放，并在个人领用证上详细登记领用的时间、品名、数量等，同时领用人要签字（或盖章），做到个人领用证发放登记和仓库发放登记台账相符。

（5）职工调换工种，由车间安全员开具证明，经安全部门签证后按新工种标准发放劳动防护用品。职工因工伤、疾病、学习、产假等原因离开岗位连续三个月以上和缺勤（事假、旷工）连续一个月以上，领用的劳动防护用品原则上要相应延长使用周期。

（6）因工受伤人员需配备特殊劳动防护用品，经厂部认可，报上级安全部门批准后执行。

（7）外来实习生、实习代培人员和外单位施工人员，必须按岗位配备标准配发劳动防护用品。

（8）职工从其他单位调入本单位，其原个人劳动防护用品一律不回收，按本单位分配的工种，由安全部门发放新劳动防护用品领用证，按新标准发放。

（9）职工为了抢险救灾或发生生产安全事故等造成个人劳动防护用品损坏，确实不能继续使用的，经主管领导或安全部门负责人批准，可给予补发。

（10）因本人保管或使用不当将劳动防护用品遗失需补领的，凭车间证明，经安全部门按使用时间折旧，予以赔付后，给予补发。

（11）凡调出本单位、离职、退职、离休、退休和居家休养人员，不再发放个人劳动防护用品。

（12）职工有权拒领无标识、无产品合格证及质量不合格的劳动防护用品；职工不得转借或转卖个人劳动防护用品。

（13）职工上岗必须穿戴统一标准的个人劳动防护用品。

3.3.5.2 保健管理

保健是指为从事有职业性危害作业人员发放的特殊津贴。其管理要求如下：

（1）凡从事生产环境符合职业危害检测标准的工种或作业的职工才能享受保健。

（2）符合享受保健条件的，如当月出满勤的，可发给本岗位工种等级标准全月保健。脱离本岗位在半月以内者，按实际脱离岗位工日标准减发；脱离本岗位时间在半月以上者，按实际出勤工日标准计发。

（3）进厂职工凭人力资源部门调令分配的工种到岗位参加实际作业后，按同岗位工种等级标准发放保健津贴。

（4）外出生产、实习人员，在相应岗位实习的按原岗位标准执行；凡岗位调整的，按对应岗位标准执行。外单位实习代培人员，由各派出所在单位按实习代培的工种岗位标准支付保健费用。

（5）劳务派遣人员根据生产需要安排在工种等级标准的岗位上工作，同时连续在一个月以上者按同工种标准发放，费用按相关规定执行。

（6）已享受某一岗位工种等级标准保健的，不得同时再以其他任何形式享受另一岗位工种等级标准的保健。

（7）经由省级以上人民政府卫生行政部门批准的医疗卫生机构诊断的职业病患者，在调离原岗位分配到其他任何岗位工作，均可继续享受原工种等级标准的保健。但在定期复查确认治愈后，保健执行现岗位保健标准。凡脱离岗位病休、疗养治疗或离休、退休后，不再继续享受保健。

（8）因病、事、探亲、婚丧、产假、工伤、公假脱离原岗位者和居家休养人员，不得再继续享受保健。

（9）安全部门负责厂内各单位既定工种保健和临时保健的发放工作，有权根据岗位劳动环境补发临时保健。

3.3.6　安全防护及检测设施管理制度

为了加强对煤气、氧气报警器，空气呼吸器的管理，切实预防煤气中毒爆炸事故的发生，规范使用、维护煤气、氧气报警器，空气呼吸器，提高其使用寿命，制定管理办法，主要内容如下。

3.3.6.1　岗位职责

（1）配备煤气、氧气报警器及空气呼吸器的岗位及使用空气呼吸器的人员，必须经过培训掌握使用方法，严格按规定使用。

（2）厂安全部门负责报警器、空气呼吸器的送检、发放、收回及供给、充气等管理工作。

3.3.6.2　煤气、氧气报警器的管理

（1）可能接触煤气、富氧的岗位及有关人员，由厂安全部门审核后配发报警器。

（2）报警器的使用者也是保管者，不许私自转借外单位人员使用。

（3）进入已知有煤气的区域作业，必须携带报警器。

（4）使用报警器必须按使用说明书进行操作。

（5）标定有效期限的报警器，到期前应提前交厂安全部门，然后统一到指定单位检验合格后再发放使用。

（6）在保管或使用期间丢失或人为损坏报警器的，应立即上报厂安全部门登记、备案，并按损失费用进行赔偿。

（7）配备了报警器的有关人员在调离、退休或长期离岗之前，应到厂安全部门办理报警器替换手续。

（8）报警器如出现故障不能正常进行检测，应及时交厂安全部门处理，任何人不许私自拆卸。

（9）需临时借用报警器，可由该单位负责人或安全员到厂安全部门办理临时借用手续，并按期归还。

3.3.6.3 空气呼吸器的管理

（1）运用呼吸器必须轻拿轻放，严禁碰撞，妥善保管，不得放置于高温和有火源的地方，更不得将导管刺伤。

（2）检查气瓶时，必须缓慢开动气阀，严禁将瓶嘴正对着人开启。

（3）使用呼吸器的单位和个人必须爱护设备，若在使用中因违反规定或保管不善而造成零部件损坏时，追究使用单位的经济责任。

（4）各单位每班应对呼吸器的压力进行检查并登记。

3.3.7 安全检查制度

烧结厂安全检查制度主要内容包括：

（1）安全检查的主要类型有安全综合检查、专业安全检查、日常安全检查、专项安全检查四种类型。

（2）安全综合检查由本级安全生产委员会办公室负责组织，检查组由安委会成员组成。安全综合检查应以指导、督促安全生产责任制落实为重点，厂级每季一次，车间级每月一次。安全综合检查的内容和标准，应根据安全生产责任制的具体职责要求和安全生产标准化体系规范，结合实际制定。主要检查安全生产管理、操作、现场标准化的建立和持续改进，检查安全生产责任制和安全综合管理，检查专业安全检查落实，检查生产、检修、技改现场安全文明生产情况。

（3）专业安全检查由本级专业主管部门负责组织，检查组由本系统专业人员组成。专业安全检查应以指导、督促专业管理要求落实为重点，厂级每月一次。专业安全检查的内容和标准，由专业主管部门根据专业标准、规范的具体要求，结合实际制定。

（4）日常安全检查分岗位职工自查和管理人员巡回检查。岗位职工应自查安全操作规程执行情况、各种设备、设施、建构筑物、危险源点及作业环境的缺陷、隐患等。各级管理人员应突出抓好重点时段、重点作业、重点部位、重点人群的现场检查，及时排查和整改事故隐患，纠正和制止各类违章行为，严格落实各类作业现场的过程管理。

（5）专业主管部门应加强过程安全的控制管理，加大日常安全检查力度，生产、设备、技改以及保卫等主管部门要定期组织专业性隐患检查，每年不少于2次；落实危险作业安全专项监管职责。设备主管部门应加强设备检修、在线改造工程的日常安全检查；生产主管部门应加强生产组织、能源介质和铁路道口的日常安全检查；技改部门应加强建设工程的日常安全检查；人力资源部门应加强劳动纪律、劳务单位的日常安全检查；安全管理部门应加强安全生产责任落实情况的日常安全检查。

（6）安全专项检查由各部门根据安全生产责任制的要求适时组织开展。在雷雨、冰雪、高温等恶劣气候下，组织开展季节性安全专项检查；在春节、国庆节等长假期间，组织开展节假日安全专项检查；在采用新工艺、新技术、新材料或者使用新设备，以及出现新问题（发生事故或严重违章等）时，适时组织开展针对性安全专项检查。

（7）各级安全综合检查、专业安全检查、专项安全检查的基本工作流程：

1）检查前应制定安全检查实施方案；

2）检查前主管领导应提出检查目的和要求；

3）确定参加检查的人员；

4）确定具体实施时间；

5）编制安全检查表，标准、内容要具体；

6）针对检查过程中发现的问题应与受检单位交换意见，并下达整改意见书，限期整改。责任单位在反馈问题整改落实情况时，应提供相关的佐证资料（图片、制度、会议记录等）。

（8）检查结束后应编制书面检查报告，并通报检查情况。

（9）违章处理。各类安全检查发现的违章行为，要根据违章行为的性质、危险程度和可能产生的危害后果，对违章行为从重到轻分 A、B、C 三类进行计分考核。检查中发现违章职工在同一作业活动中涉及多项违章行为的，应按已发生的最高类别违章处理。对重复性违章行为应从重处理。考核应严格追究管理人员、班组长及互保对子的责任。

（10）建立违章职工教育、考核登记台账。

（11）对于发现的 B 类及以上级别的违章行为，按"谁检查、谁教育、谁分析"的原则，组织违章职工和有关管理者参加安全生产再教育学习和违章原因分析。再教育学习经闭卷考试合格后，方可重新上岗。违章原因分析应从现场管理、作业条件、工具材料、操作规程、人员培训等方面进行，重点要针对违章原因制定落实整改措施。

（12）接到参加安全生产再教育学习班通知后，应按要求准时报到、参加学习，若无故缺席或不按时参加学习，视为拒绝接受安全生产教育处理。

（13）各单位应结合其他单位及本单位以往发生的各类工伤事故和习惯性违章作业现象，组织各车间（部门）、班组职工深入开展安全违章行为清查工作，细化 A、B、C 三类违章行为的内容，以书面形式明确，并定期组织修订完善。

3.3.8 相关方管理制度

3.3.8.1 管理职责

（1）安全部门负责督促相关部门及车间落实外来人员安全监管工作。

（2）人力资源部门负责劳务人员及参观、实习人员的安全管理工作。

（3）设备部门负责外来施工、检修单位和设备供货方的安全管理工作。

（4）各相关部门负责业务单位入厂人员的安全管理工作。

（5）各车间负责本单位区域内外来人员的安全管理工作。

3.3.8.2 相关方的安全管理具体措施

（1）所有相关方施工单位必须向本单位上级安全部门申办领取《施工安全资格合格证》（以下简称"安全资格证"）。工程外委单位（部门）必须首先严格审查相关方单位安全资格证，否则不准其参加招投标及为其办理外委发包手续，任何单位及部门不得允许无安全资格证的单位进入本单位范围施工。

（2）相关方单位参加非计划性抢修，原则上使用已办理安全资格证的单位，若确因工程需要，其安全资格必须先由工程（项目）主管部门确认，报本安全部门认可备案。

（3）所有外委工程，在签订工程合同时必须凭安全资格证和施工措施方案与本单位签订《外委工程施工安全协议书》及《本单位外委外协单位安全防火交底补充协议》（以下简称"安全协议"）。设备保产单位可半年或一年内与本单位签订安全协议，安全协议由产权单位安全部门与施工单位签订。

（4）本单位工程（项目）主管部门，应安排专人负责施工组织和安全管理工作。工程（项目）负责人必须对相关方单位人员进行现场安全交底，由双方签字认可。

（5）工程竣工验收时，产权单位、主管部门应通知安全部门参加。安全部门应对施工安全情况进行签证，并以《施工安全鉴证单》的形式交结算审办单位，结算审办单位应严格执行。无安全部门的签证，结算审办单位不予结算，财务部门不予付款。

（6）实习和参观人员进入本单位生产作业现场前，必须由安全部门进行厂级安全教育，并填写《相关方人员安全交底单》，人力资源部门派专人配合进行现场安全监护，车间进行分级安全教育，并指定专人负责现场安全监护。

（7）设备供货方进入本单位生产作业现场必须执行安全管理规定。工程（项目）主管部门应进行安全交底，并填写《相关方人员安全交底单》。

3.3.9　事故隐患整改管理制度

烧结厂事故隐患整改管理制度内容包括：

（1）隐患的检查与整改坚持"谁主管谁负责"的原则。

（2）隐患的管理分为厂级、车间（部室组）级和班组级。

（3）各单位安全责任人是隐患排查整改负责人，必须对本单位隐患整改工作负责。要坚持做到"四定一不交"原则，即定项目、定措施、定责任人、定完成时间、本单位能整改的一律不上交。

（4）厂每季，车间（部室）每月，班组每日至少对本单位、本岗位的各类设备设施、能源介质设施、建构筑物、危险源点及作业场所、工机具等进行一次全面的隐患检查。

（5）生产车间岗位的安全设施必须纳入生产设备的检查和维护，凡存在安全隐患，设备维护单位要立即进行整改。

（6）新、改、扩建及大修项目，必须在建成投产前进行检查验收，如留有隐患，由工程主管部门组织整改。

（7）设备维护单位对隐患项目整改完成后应通知使用单位确认，双方验收合格后在台账上登记，并确认人员及时间。

（8）设备检修及维护单位要将所管辖维护范围内的安全生产设备设施及危险源控制点，全面纳入设备检查和维护工作中，严格执行安全生产现场标准化，提高设备本质化安全程度。

（9）发现隐患后，各单位要及时安排整改计划，一般隐患要当日立即整改，重大隐患危及职工生命的，必须停产整改。

（10）隐患在未整改前，必须制定和采取临时性的防范措施，并书面形式告知职工，签字确认。

（11）各单位必须认真做好事故隐患的自查工作，分级维护落实到个人，防止因物的不安全因素而造成人身伤害事故，为职工创造安全文明的作业环境。

（12）各级各部门要建立隐患管理登记台账，包括隐患排查信息系统、《事故隐患通知单》《安全隐患整改登记表》。对检查出的隐患及时登记，注明检查时间、检查人员、隐患部位、危险状态、整改责任人、整改时间及验收确认人等。

（13）《安全隐患整改登记表》由各车间填写，每月将本单位当月完成的整改项目进行统计，在《安全管理信息统计月报》上登记上交上级安全部门。

（14）因隐患整改不及时或失控，以及人为原因造成的隐患而导致的人身伤害事故，按相关规定进行处理。

3.3.10　设备检修停送电牌、操作牌管理制度

为了规范烧结设备操作，保障设备运行和检修过程中的人身安全，制定本制度。

3.3.10.1　操作牌设置与管理的一般规定

（1）设备操作牌（红色）由车间中控室统一管理，交接班应对口交接设备操作牌。设备供电牌（绿色）挂在配（变）电室对应的动力开关上，由电工统一管理。

（2）设备部门负责提供本单位设备的名称、传动号、编号、种类的明细清单作为制作操作牌的原始凭证；对新增、报废的设备，必须提前向安全部门提出书面申请。

（3）安全部门负责设备操作牌、供电牌的制作、回收，报废的操作牌需销毁。每台设备只准许有一套操作牌、供电牌存在。

（4）新增设备的操作牌、供电牌，在联动试车前由设备部门管理使用，联动试车完毕，由设备部门将操作牌转交生产车间管理使用，将供电牌转交电工管理使用并办理转交手续。

（5）操作牌、供电牌丢失、破损，相关单位必须写出报告，经车间主任（调度室主任）签发临时操作或供电凭证，才能启动或停止设备，有效期不得超过 24 小时（节假日顺延）。补发操作牌、供电牌，经单位负责人签字，到安全部门办理补发手续。

（6）生产设备的启动和停机，由中控室直接负责操作。试车时，岗位操作人员必须在现场检查确认设备具备安全运行条件，报告中控室，双方相互做好安全确认后，中控室人员方可操作设备。

3.3.10.2　检修作业时设备操作牌管理规定

（1）设备检修必须进行停送电，其步骤是：检修人员到中控室办理该设备停电，中控室核实同意后由双方签字确认，准确填写《操作牌登记本》；中控室人员取下操作牌并双方核对；检修人员持操作牌到电工值班处申请办理停电，准确详细填写《停送电记录本》，电工核实后收回操作牌并停电，将供电牌交给检修人员并双方核对，停电执行人准确填写《停送电记录本》。中控室告知岗位操作人员设备停电、送电情况，做好安全确认。

（2）同一台设备有两个以上的驱动装置，或虽不是同一台设备，但是同一路电源的且对人身安全有影响的相关设备必须同时停电，方能上场检修。同一路电源有两个或以上相同作用的驱动装置，在正常生产时因故需停其中一边驱动装置时，由电工负责在现场停

电，并挂"有人工作，禁止合闸"的警示牌。

（3）多个单位检修同一台设备时，所有相关单位都必须到中控室、电工值班处办理停电手续。检修先到作业人员办理了停电手续，后到作业人员也必须到中控室、电工值班处办理停电签名。如果某单位先检修完，必须到电工值班处办理供电签名，并到中控室办理完工签名，此时供电牌暂存电工值班处，直到最后完工的作业人员办理供电手续，经电工确认各单位作业人员都签名登记后，方可凭牌供电。最后完工单位负责将操作牌交还中控室并办理完工签名。

（4）煤气检修作业停送气步骤：煤气红色供气牌由生产车间中控室管理，煤气绿色停气牌由煤气维护单位管理；煤气检修人员在中控室的专用本登记，并用停气牌换供气牌；停煤气后，在主阀门上挂上"有人工作、禁止动阀"的警示牌；送煤气时，凭供气牌，在中控室登记换领停气牌，所有操作步骤必须严格执行技术操作规程。

（5）进入电场检修作业停电步骤：检修作业人员到中控室办理该电场、抽风机停电（机头电场检修必须先停煤气），中控室同意后由双方签字确认，准确详细填写登记本。检修人员领取操作牌和红色人孔牌并双方核对。检修人员持操作牌到电工值班处申请停电，详细填写停电记录本，电工核实后收回操作牌并停电，将供电牌交给检修人员，双方签字核对确认后，电工准确填写记录本，检修人员将红色人孔牌挂在电场人孔门上，专人监护；岗位操作人员现场将高压隔离开关由工作位打到接地位，检修人员验电、放电，确认后方可上场作业。有脱硫系统的，进入电场前同时办理脱硫风机的停电手续。

（6）进入烧结机大烟道作业必须在煤气盲板已堵后再办理停电手续，其步骤：检修人员到中控室办理烧结机、抽风机停电，中控室同意后由检修人员准确详细填写登记本、领操作牌和绿色人孔牌并双方核对。检修人员持操作牌到电工值班处办理停电，详细填写停电记录本，电工核实后收回操作牌并停电，将供电牌交给检修人员，双方签字核对确认后，准确填写登记本。同时检修人员持绿色人孔牌到抽风机登记换领红色人孔牌，将红色人孔牌挂在烟道所开人孔门上，专人监护。有脱硫系统的，进入电场前同时办理脱硫风机的停电手续。

（7）进入环冷烟道内检修作业停电步骤：检修人员到中控室办理环冷鼓风机停电（有余热利用系统的，必须先办理余热风机停电），中控室同意后由检修人员准确详细填写登记本、领操作牌和绿色人孔牌并双方核对。检修人员持操作牌到电工值班处办理停电，详细填写停电记录本，电工核实后收回操作牌并停电，将供电牌交给检修人员，双方签字核对确认后，准确填写登记本。

（8）脱硫系统检修，必须到中控室办理主抽风机停电手续。

（9）高压设备办理停电步骤：检修人员到中控室办理该设备停电，中控室同意后由检修人员详细填写停电登记本，领操作牌并双方核对。检修人员持牌到电工值班处办理停电，详细填写停电记录本。电工核实后收下操作牌，电工持高压停电牌，到高压室填写联络日志，高压室停电后，电工换回高压供电牌存放电工值班处，将高压供电牌交给申请人并双方核对，电工准确填写记录本。

3.3.10.3　其他检修规定

（1）设备大修、年修、定修和外委工程由厂设备主管部门项目责任人或专检员办理手续。

（2）车间内检修维护项目，由专人办理手续（安全作业方案、交底单可查）。

（3）协议维护单位日常检修维护，由维护单位将具备办理停送电资格的人员名单上报设备部门、产权车间备案，其他人员不得办理；维护人员因故不能到场办理手续，由设备专检员办理。

（4）生产部门安排的施工项目，由相关产权单位专人协助办理手续。

（5）产权车间需按设备部门提供的人员名单办理手续，对不具备办理停送电资格的人员，中控室操作员应坚决拒绝。

（6）电工在开放式盘柜进行停送电作业时，必须戴好专用面罩和防护手套，并做到规范着装，侧立操作。

（7）跨厂区检修作业项目的设备停送电、能源介质停送等，由设备部门负责联络，指定专业管理人员按作业方案和本规定的办理程序执行。

（8）设备电气开关短接。经电工确认，电控回路故障一时难以排除，为尽快恢复生产，经值班主任同意后，可以采取临时短接方式。一般情况下必须保证现场至少有一种有效的紧急停机方式。设备短接生产后，必须告知岗位操作人员，生产车间当班负责人做好交接班记录。巡检时，如遇紧急情况，必须紧急停机并通知中控室。临时短接时间不得超过8个小时。

3.3.11　生产设备检修安全管理办法

生产设备检修安全管理办法包括：

（1）生产设备检修要坚持"安全第一、预防为主、综合治理"的方针，把安全放在首位，正确处理生产设备检修工程安全、质量和进度三者的关系。

（2）设备检修实施定作业项目、定责任人、定安全措施的全过程安全管理。安全技术方案要根据检修项目制定，并逐级审批。在检修作业前，检修施工管理单位负责对施工单位进行危险因素辨识和安全交底，由双方签字确认。

（3）设备大修、年修项目要建立安全组织网络，根据项目确定现场安全责任人，并对检修安全进行组织、协调、检查和考核。

（4）设备大修、年修项目要严格执行开工小票制度。施工单位未按要求提交施工方案和签订安全协议的，检修施工管理单位不得出具开工小票；没有开工小票的，一律不准开工。

（5）各单位接到检修计划，主管负责人必须根据现场的作业性质和作业环境，组织制定施工安全措施，指定作业负责人，负责安全措施的落实，并按《生产设备检修作业流程表》组织检修作业。

（6）各施工单位在检修前，要召集所有参加检修的人员开展"工（班）前五分钟"活动，依据具体检修项目，进行危害辨识，单位负责人要对每个参加施工人员进行安全文明施工教育和安全交底，并做好签字确认。

（7）设备检修施工中需停送能源介质时，必须严格遵守本单位设备检修能源介质的相关管理制度。

（8）设备大修、年修、定修、抢修及临时性检修，主管单位要强化检修现场的安全监管。

（9）年修、定修、抢修连续 24 小时及以上的作业，现场要有相关单位主管领导负责安全监管。两个及以上班组协同作业，设备主管部门领导负责现场安全监管；涉及两个及以上车间协同作业，本单位相关领导负责现场安全监管。

（10）生产车间内部两个及以上班组作业，车间主任为现场安全负责人。

（11）班组级作业的安全交底由班组长完成，并负责现场安全监管；车间级作业的安全交底由车间安全责任人完成，并负责现场安全监管。

（12）危险作业实行分级审批管理，厂、车间级危险作业分别由厂主管领导、车间主任审批。危险作业方案未经审批不准作业。

（13）原则上，中夜班、节假日等特殊时段不安排危险作业。

（14）作业完毕，作业单位负责对现场进行清理，恢复安全设施。产权车间验收确认，签字后办理送电手续，进行试车。

（15）安全部门和主管单位要对检修施工现场进行安全监督检查。按属地管理原则，产权车间有责任对检修施工作业进行监管，因管理不善而导致生产安全事故，要追究责任单位的管理责任。

（16）特种设备、压力容器、煤气设施要定期纳入设备维护管理，建立管理台账，确保设备处于安全受控状态。

（17）设备维护单位要将安全防护设施纳入日常的生产设备维护管理。

（18）设备产权单位现场的安全隐患，必须按"四定一不交"的原则整改。在隐患未整改前，必须制定临时性安全措施。

（19）中夜班、节假日发生不影响安全生产的生产设备故障，原则上不安排处理。确实需要临时处理的，必须按以下规定执行：

1）设备故障抢修由调度室主任全面负责安全。调度室主任对因管理不善而发生的生产安全事故承担管理责任。

2）如检修时间长，涉及专业多，需要组织后方人员临时到厂抢修的，由调度室主任负责现场安全监护，进行安全交底，确认满足安全条件，各方人员签名后方能上场作业。

3）如只需维护单位值班（当班）人员处理，由调度室负责现场安全监护，对作业人员负责安全交底和现场安全监护，检查作业人员安全活动综合记录本上确认签名。

4）产权车间当班负责人对未办理动火证、未进行安全交底、无安全措施的检修作业，有权制止并向调度室举报。岗位操作人员要做好监督和配合，确保本岗位不发生生产安全事故。

5）危险因素辨识、安全交底、安全技术措施必须有针对性，原始记录要规范。

6）抢修作业完毕，恢复安全设施，操作牌、供电牌全部归还，检修人员和中控室操作人员确认签字后送电试车，恢复生产。

3.3.12　生产设备检修作业流程

生产设备检修作业流程如图 3-1 所示。

图 3-1　生产设备检修作业流程

4 烧结安全生产检查与隐患整改

4.1 烧结安全生产检查的形式

安全生产检查是落实各项安全生产管理规定的重要手段，是履行安全生产责任制的一项重要工作。其目的是通过检查发现并消除人的不安全行为、物的不安全状态和管理上的缺陷，完善安全生产管理，促进安全生产。

组织安全检查的形式有以下几种：

(1) 厂级综合大检查。由厂安委会中的厂级领导带队，厂安全部门组织各专业部门管理人员参加，组成多个联合检查组，对全厂进行综合性大检查，至少每季度一次。

(2) 车间安全大检查。由车间主任带队，组成检查组，每月对本车间管辖范围进行一次综合性大检查。

(3) 专业专项安全检查。各专业管理部门按各自安全生产责任制的职责要求，每月至少进行一次专业专项安全检查。

(4) 班组日常自查。以现场岗位为重点，贯穿于班前、班中、班后及生产全过程的日常巡查。

(5) 日常随机安全检查。由各级安全责任人、管理人员、专兼职安全员按分管职责，有针对性、有重点地进行随机抽查，并将检查情况分别按管理权限进行反馈，登记上报并提出整改考核意见。

(6) 特殊时间段安全检查。遇有重大事件、安全生产（设备）事故、设备检修及天气变化（如雨雪、酷热、大风等），厂安全部门组织专业科室、车间进行专项检查，制定相应安全生产应急预案。

(7) 长假前安全检查。由厂安委会中的厂级领导带队，厂安全部门组织各专业部门管理人员参加，组成多个联合检查组，在长假前（如春节、国庆节等）对全厂进行综合性安全大检查。

4.2 烧结工艺设备安全生产检查内容

4.2.1 厂房、构建筑物安全检查内容

厂房、构建筑物安全检查内容及要求如下：

(1) 设备主管部门每月进行工业构建筑物点巡检，有记录。

(2) 屋面无破损、漏筋、钢筋锈蚀，屋架无严重锈蚀。

(3) 屋面挂瓦无破损，瓦板未滑移、瓦钩未脱落。

(4) 屋面防水无渗漏现象，排水、落水管通畅。

(5) 建筑物无积料、杂物、无高空搁置物。

（6）通廊桁架、平面无明显变形，连接焊缝无开裂，钢结构无裂纹、无脱焊、无严重锈蚀。

（7）平台（转运站）无明显变形、连接处无开裂。

（8）屋架、梁、柱无悬、吊、挂重物。

（9）厂房各类结构无乱拆、乱割、乱焊、乱打洞。

（10）基础未受腐蚀、基础周围无堆载及乱搭乱盖、周边无积水浸泡，无裂缝、无沉降。

（11）烟囱筒身无倾斜、无乱打洞、乱挂、各层平台及爬梯连接牢固无锈蚀。

（12）现场楼梯走道钢结构无锈蚀，行走通廊净宽不应小于0.8m，如系单侧人行通道，则不应小于1.3m。

（13）胶带机架、电缆桥架无锈蚀，高空胶带底板无锈蚀、杂物、积料。

4.2.2　能源介质管道安全检查内容

烧结使用的能源介质主要包括煤气、蒸汽、压缩空气、水及液氨。

4.2.2.1　煤气系统

煤气系统安全检查的内容如下：

（1）煤气水封、排水器、管道及阀门外观完好、无腐蚀现象。

（2）点火炉补偿器、煤气管道、阀门及附属设施无泄漏。

（3）吹扫用的蒸汽或氮气气源正常，煤气系统正常运行时，吹扫气（汽）源与主管脱开。

（4）排水器保温用的蒸汽阀门开关灵活可靠，且有汽源，冬季零度以下连接蒸汽保温管时需有逆止阀。

（5）排水器补水阀门开关灵活可靠，且有水源，溢流水正常。

（6）操作平台、护栏等防护设施外观完好，无变形、油漆脱落等腐蚀现象，护栏门上锁具齐全。

（7）排水器上安全警示牌、巡检牌完好，巡检牌每天按时翻牌，排水器护栏及周围无烟头及各类杂物。

（8）《煤气排水器（水封）设施检查表》按要求落实并填写。

（9）煤气管道上的计量仪表指示正常，彩标粘贴正确。

4.2.2.2　压力管道系统

压力管道系统安全检查内容如下：

（1）管道及支（吊）架外观完好，无变形损坏、油漆脱落、保温层脱落等腐蚀现象。

（2）各类阀门应灵活，密封应完好，零部件齐全完好。

（3）管道和阀门无明显泄漏现象。

（4）各类管道色标牌和阀门标识牌应完好。

（5）蒸汽分气缸保温完好，安全阀、减压阀运行正常。

（6）蒸汽管道上的疏水系统运行正常。

（7）压力管道上的计量仪表指示正常，彩标粘贴正确。

4.2.2.3　水道系统及液氨管道系统

水道系统及液氨管道系统安全检查内容如下：

（1）管道及支（吊）架外观完好，无变形损坏、油漆脱落、保温层脱落等腐蚀现象。

（2）各类阀门应灵活，密封应完好，零部件齐全完好。

（3）管道和阀门无明显泄漏现象，压力正常。

（4）各类管道色标牌和阀门标识牌应完好。

（5）水池及冷却塔运行正常，干净整洁，无溢流现象。

（6）管道上的计量仪表指示正常，彩标粘贴正确。

4.2.3　铁路道口安全检查内容

铁路道口安全检查内容如下：

（1）检查有人、无人看守道口及监护道口的标牌和警示牌及安全管理制度是否完善；道口作业人员是否标准规范、岗位职责是否明确。

（2）道口栏杆是否标准；道口信号、通信设备、自动报警设备运转是否良好。

（3）道口作业人员是否持证上岗，是否经过培训，年龄身体状况是否符合要求，是否掌握业务知识技能，是否掌握道口故障应急处置知识。

（4）检查道口周围设置不符合标准或周边环境不良的安全防护措施情况，尤其是道口设置在公路的坡道、弯道上，道口两侧视线不良，是否采取了相关措施。

（5）道口故障应急处理情况。落实"先防护、后处理"的措施，监护人员是否落实和按照有关要求，采取防护措施，预防道口事故。

4.2.4　特种设备安全检查内容

烧结生产使用的特种设备主要有电葫芦、吊车及压力容器。

4.2.4.1　电葫芦

电葫芦安全检查内容如下：

（1）有检查维护台账和隐患整改台账。

（2）钢丝绳无断股、起刺及严重断丝现象，钢丝绳无磨损、变形，尾部固定情况正常。

（3）吊钩完好，钩头无变形，防脱卡完好。

（4）减速装置无漏油，无异常声音，油尺油位正常。

（5）操作手柄完好无破损，按钮操作灵活。

（6）电缆线无破损，滑线无变形。

（7）操作箱完好，锁头齐全，上锁管理。

4.2.4.2　天车

天车安全检查内容如下：

（1）有检查维护台账和隐患整改台账及进行上锁管理。

（2）传动机构、制动系统、液压系统、电器线路及电器元件正常。

（3）大小车金属结构梁无变形、无腐蚀、无裂纹。

（4）钢丝绳无断股、起刺及严重断丝现象，压板齐全，钢丝绳无磨损、变形，尾部固定情况正常。

（5）吊钩完好，钩头无变形，防脱卡完好。

（6）各部位减速机无漏油，无异常声音，油尺油位正常。

（7）大小车轮完好，运行灵活无啃道现象，制动器灵敏可靠。

（8）大小车轨道无断裂及严重磨损现象，大滑线无变形、无积尘，滑线拍可靠接触大滑线。

（9）安全护栏齐全完好，走台通道无严重腐蚀现象，吨位牌清晰，车体无明显灰尘积料。

（10）上升极限、大小车极限、门极限、报警器齐全完好，动作灵敏可靠，大小车缓冲器齐全，警铃、撞针完好。

（11）电控柜门锁完好，电器设备无灰尘，无因接触不良而发热现象，各控制器灵活可靠。

（12）电缆无破损，无接头过多、发热现象。

4.2.4.3　压力容器

压力容器安全检查内容如下：

（1）容器整体及支架外观完好，无变形损坏和油漆脱落等腐蚀现象。

（2）容器安全阀能按照校定压力值正常工作，检验标签齐全且在有效期内，铅封完好。

（3）容器压力表工作正常，无腐蚀及损坏现象，并贴有 A 类检验标签。

（4）容器的阀门应灵活，密封完好，零部件齐全完好。

（5）检查容器和阀门无泄漏现象。

（6）容器和阀门标示牌应完好。

4.2.4.4　余热锅炉

余热锅炉安全检查内容如下：

（1）锅炉上升管、下降管无变形，无渗漏，保温材料无脱落。

（2）锅炉安全阀能按照校定压力值正常工作，检验标签齐全且在有效期内，铅封完好。

（3）锅炉压力表工作正常，无腐蚀及损坏现象，并贴有 A 类检验标签。

（4）各排污阀门应灵活好用，密封完好，零部件齐全完好。

（5）蒸发器翻板灵活，钢绳完好。

（6）预热器、蒸发器及过热器无渗漏。

（7）蒸汽分气缸保温完好，安全阀、减压阀运行正常。

（8）锅炉软水站水泵供水正常，管道无渗漏，软水处理系统工作正常。

4.2.5 电气设备安全检查内容

烧结生产使用的电气设施、设备包括：电磁站、电缆室、电缆桥架、变压器及防雷设施。

4.2.5.1 电磁站

电磁站安全检查内容如下：
(1) 消防灭火器材配备完整、功能完好；消防报警探测器运行正常。
(2) 电缆进出口及盘、柜电缆孔洞封堵完好，防火阻隔完好。
(3) 盘、柜门关闭良好；门窗无破损；地面物件摆放整齐；地面干净。
(4) 盘、柜内整洁，设备完好，无拉弧现象存在。
(5) 室内温度正常（低于30℃）。
(6) 盘、柜内母线、负荷电缆温度正常，不发热。

4.2.5.2 电缆室

电缆室安全检查内容如下：
(1) 消防灭火器材配备完整、功能完好；消防报警探测器运行正常。
(2) 电缆进出口及盘、柜电缆孔洞封堵完好，防火阻隔完好。
(3) 室内门窗封闭良好，照明设施完好，地面无易燃物、杂物。
(4) 室内电缆敷设整齐，电缆温度正常。

4.2.5.3 电缆桥架

电缆桥架安全检查内容如下：
(1) 桥架上无杂物，无积料。
(2) 桥架支撑牢固、无垮塌。
(3) 桥架上电缆接头包扎完好，电缆无破损。

4.2.5.4 变压器

变压器安全检查内容如下：
(1) 变压器运行声音正常。
(2) 变压器母线、接头温度正常，无放电痕迹。
(3) 变压器室内地面干净无杂物。
(4) 变压器本体无渗漏油。

4.2.5.5 防雷设施

防雷设施安全检查内容如下：
(1) 烟囱、建（构）筑物引下线完好。
(2) 烟囱避雷针完好。

4.2.6　危险化学品安全检查内容

烧结使用的危险化学品主要是用于烟气脱硫用的液氨，其安全专项检查内容如下：

（1）液氨危险部位标志是否齐全、完好。

（2）液氨灌区主要构件焊缝检查，确保不得有裂纹或开焊等缺陷。

（3）液氨灌区应有消防配套设施及防毒劳保用品。

（4）液氨管道是否有裂纹，阀门是否使用灵活，螺栓、螺母不应松动、脱落。

（5）液氨灌区附近不应有火花，禁止动火作业。

（6）液氨存储、装卸区域的照明灯具和控制开关应采用防爆型、密闭性的。

（7）电气线路在液氨储存、装卸区域内一般不应有中间接头，在特殊情况下，线路需设中间接头时，必须在相应的防爆接线盒（分线盒）内连接和分路。

（8）设施的电气开关宜设置在远离防火（护）堤处，不准将电器开关设在防火（护）堤内。

（9）防静电接地检查，仪表、阀门有防静电跨接。

（10）液氨储罐的温度、压力、液位、流量等重要工艺参数实施远程监控，有完善的联锁报警、有毒气体报警等装置。

（11）现场喷淋设置齐全完好，防护服、灭火器、空气呼吸器、应急药品齐全有效；现场消防栓、消防带有效完好。

（12）卸液氨期间设置安全区域，有专人监护，佩戴便携式氨气报警器。

4.2.7　劳动保护安全检查内容

劳动保护安全检查内容如下：

（1）班组安全员、劳动保护监督员是否配备齐全。

（2）职工劳保用品发放、穿戴是否规范，防护用品是否齐全、有效。

（3）班组职业危害告知达100%，禁忌症人员的安置。

（4）班组安全活动开展情况，班前辨识和交底。

（5）劳动防护措施落实情况，新、改、扩建工程"三同时"验收情况。

（6）现场安全设施维护保养，隐患整改以及岗位劳动条件和工作环境。

（7）班组"关爱箱"药品是否齐全完好，急救药品是否在使用期内，应急物资完好有效。

4.2.8　劳务用工安全检查内容

劳务用工安全检查内容如下：

（1）厂部专业管理部室、车间有劳务工安全管理规定、协议、交底。

（2）劳务单位资质、合同、台账，安全管理情况。

（3）车间有劳务工信息台账及亚健康人员安全管理措施。

（4）劳务工三级安全教育台账，人员持证台账。

（5）混岗倒班劳务工同正式职工同等管理，内入班组安全管理。

（6）人员考勤制度落实，现场作业"反三违"管理。

（7）车间对劳务用工的安全管理情况。

4.2.9 设备检修安全检查内容

设备检修安全检查内容如下：

（1）设备检修主管单位必须对施工单位资质进行审核，安全手续齐全，并进行安全交底，施工人员进行安全培训考试。

（2）检修作业人员符合公司要求的资质。

（3）特种作业人员持证情况（电工、电气焊、起重等）。

（4）施工单位是否在属地车间开具施工动火证，气瓶、仪表、工机具确保完好。

（5）作业现场文明施工情况。

（6）检修现场安全消防措施到位，配有专人安全监护。

（7）危险作业有相关领导现场带班，作业审批手续齐全。

在实际的安全生产检查中为简便操作，可依据检查标准制定检查表，也可依据检查侧重点进行专项检查，检查表如表 4-1 所示。

表 4-1　厂房、建筑物安全专项检查内容及要求

项目	检查内容及要求	检查情况描述
厂房建筑物安全专项检查	1. 设备部门每月进行工业构建筑物点巡检，有记录；	
	2. 屋面无破损、漏筋、钢筋锈蚀、屋架无严重锈蚀；	
	3. 屋面挂瓦无破损，瓦板未滑移、瓦钩未脱落；	
	4. 屋面防水无渗漏现象，排水、落水管通畅；	
	5. 建筑物无积料、杂物、无高空搁置物；	
	6. 通廊桁架、平面无明显变形、连接焊缝无开裂、钢结构无裂纹、无脱焊、无严重锈蚀；	
	7. 平台（转运站）无明显变形、连接处无开裂；	
	8. 屋架、梁、柱无悬、吊、挂重物；	
	9. 厂房各类结构无乱拆、乱割、乱焊、乱打洞；	
	10. 基础未受腐蚀、基础周围无堆载及乱搭乱盖、周边无积水浸泡，无裂缝、无沉降；	
	11. 烟囱筒身无倾斜、无乱打洞、乱挂、各层平台及爬梯连接牢固无锈蚀；	
	12. 现场楼梯走道钢结构无锈蚀，行走通廊净宽不应小于 0.8m，如系单侧人行通道，则不应小于 1.3m；	
	13. 胶带机架、电缆桥架无锈蚀，高空胶带地板无锈蚀、杂物、积料	

4.3　消防安全检查

消防安全检查包括：消防安全目标检查、消防组织机构和职责检查、消防规章制度及档案管理检查、消防宣传教育及培训检查、消防工程及设备设施检查、检修施工动火检查、消防警示标志、相关方管理、消防检查及隐患整改、火灾事故应急救援检查等。

4.3.1 消防安全目标

消防安全目标检查内容如下：

（1）根据自身消防安全工作实际，制定本年度的消防安全工作目标。

（2）按照基层单位和部门在生产经营中的职能，对消防工作目标进行分解，签订消防责任书，实施风险抵押制度，明确管理责任、要求和考核兑现办法。

4.3.2　组织机构和职责

消防组织机构和职责安全检查内容如下：

（1）根据有关规定和企业实际，设有各级消防安全委员会或安全生产领导机构。

（2）按相关规定设置消防安全管理机构、配备消防安全管理人员。

（3）按有关规定，明确各级各部门消防责任人、管理人。

（4）安委会或安全生产领导机构每季度应至少召开一次消防工作专题会，协调解决消防安全问题。会议纪要中应有工作要求并保存。

（5）建立、健全消防安全责任制，并对落实情况进行考核。

4.3.3　消防规章制度及档案管理

消防规章制度及档案管理安全检查内容如下：

（1）消防规章制度主要包括：消防安全教育、培训；防火巡查、检查；安全疏散设施管理；消防（控制室）值班；消防设施、器材维护管理；火灾隐患整改；用火、用电安全管理；易燃易爆危险物品和场所防火防爆；专职和义务消防队的组织管理；灭火和应急疏散预案演练；燃气和电气设备的检查和管理（包括防雷、防静电）；消防安全工作考评和奖惩；其他必要的消防安全内容。

（2）将消防规章制度发放到相关工作岗位，并对员工进行培训和考核。

（3）各单位应建立主要消防工作过程、事件、活动、检查的记录档案，并加强对记录的有效管理。消防档案应当包括消防安全基本情况和消防安全管理情况。

消防安全基本情况包括以下内容：单位基本概况和消防安全重点部位情况；建筑物或者场所施工、使用或者开业前的消防设计审核、消防验收以及消防安全检查的文件、资料；消防管理组织机构和各级消防安全责任人；消防安全制度；消防设施、灭火器材情况；专职消防队、义务消防队人员及其消防装备配备情况；与消防安全有关的重点工种人员情况；新增消防产品、防火材料的合格证明材料；灭火和应急疏散预案。

消防安全管理情况应当包括以下内容：公安消防机构填发的各种法律文书；消防设施定期检查记录、自动消防设施全面检查测试的报告以及维修保养的记录；火灾隐患及其整改情况记录；防火检查、巡查记录；有关燃气、电气设备检测（包括防雷、防静电）等记录资料；消防安全培训记录；灭火和应急疏散预案的演练记录；火灾情况记录；消防奖惩情况记录。

4.3.4　消防宣传教育及培训

消防宣传教育及培训安全检查内容如下：

（1）主要负责人和消防管理人员应具备与生产经营活动相适应的消防知识和管理能力，经培训考核合格后上岗。

（2）消防安全重点单位对每名员工每年至少应当进行一次消防安全培训。

（3）公众聚集场所对员工的消防安全培训应当至少每半年进行一次。

（4）组织新上岗和进入新岗位的员工进行上岗前的消防安全培训。

（5）消防控制室的值班、操作人员经过消防安全专门培训，并持证上岗。

（6）重点部位、岗位操作人员未经消防教育培训，或培训考核不合格的从业人员，不得上岗作业。

（7）新入厂（矿）人员在上岗前必须经过厂（矿）、车间（工段、区、队）、班组三级消防安全教育培训。

（8）从事特种作业人员应取得相应的操作资格证书，方可上岗作业。

（9）对相关方的作业人员进行消防安全教育培训。作业人员进入作业现场前，应由作业现场所在单位对其进行进入现场前的消防安全教育培训。

4.3.5　消防工程及设备设施

消防工程及设备设施安全检查内容如下：

（1）建立新、改、扩建工程消防安全"三同时"管理制度，即消防设备设施与建设项目主体工程同时设计、同时施工、同时投入生产和使用。

（2）建设、设计、施工、工程监理等单位依法对建设工程的消防设计、施工质量负责。所有新、扩、改建工程的消防设计、施工必须符合国家工程建设消防技术标准，并依照《消防法》的相关规定，报公安消防机构进行备案、审查或竣工验收。

（3）消防专项工程和消防设施维修、改造由具有相应合法消防工程施工资质等级的施工单位承担，并报上级消防主管部门备案。

（4）建筑消防设施按要求纳入设备管理范围，明确管理制度、管理部门和责任人，并将建筑消防设施与主体设备同计划、同布置、同检查、同检修和维护保养。

（5）建立消防设施运行台账，并定期组织学习、演练。

（6）消防设施按规定开展定期检查测试，确保完好。

（7）建筑消防设施应与具备合法资质的维护单位签订常年维保、值守合同。

（8）消防设施不得随意拆除、挪用或弃置不用。

（9）消火栓管理：消火栓内阀门的手轮、水带、水枪必须齐全，水带接口与水带必须用接扣或铁丝捆绑紧，水带不得有破损，保持清洁；消火栓下方及内部严禁存放其他物品；消火栓的启动开关必须能够启动水泵；消火栓必须保证达到 0.15 ~ 0.24MPa 的水压；有玻璃的消火栓箱门可以上锁，铁皮、木制外壳的消火栓箱门不得上锁；消火栓要按期维护保养，不得有积水、锈死、渗漏等现象，要保持清洁，未经允许不得擅自挪用。

（10）应急照明管理：应急照明应安装在太平门、安全出口门的顶部，疏散通道的两侧墙上，楼梯口和走道转角处，安装距地面高度至少1.8米以上，特殊部位按照实际情况定置；应急照明切断220V电源后，蓄电池作为电源时，连续供电时间不应少于30分钟；事故应急照明不得安装在可燃构件或装饰件上，易燃易爆场所应安装防爆型；事故应急照明灯按期清洁、不得有损坏，未经允许不得擅自拆卸；事故应急照明要按期做试验，留存记录。

（11）自动报警系统管理：消防电源与备电试验必须达到正常切换；控制器功能、自检、巡检、复位、消声、故障报警的功能正常；报警探头、手报按钮等系统设备无损坏，无物品堵挡；烟感、温感、手报按钮等探测器及信号传输功能测试正常；对于存在故障的，应及时修复、更换。

（12）自动灭火系统管理：自动灭火系统设备外表应保持清洁；岗位人员必须熟练操作系统；气压表或检漏仪器等设备正常运行，压力要符合规范；管网、阀门、喷头等系统设备完好；根据灭火系统不同种类，定期做模拟试验；对于存在故障的，及时修复、更换；不得私自关停、破坏、擅自改动、关闭设施。

（13）消防标志管理：疏散指示标志设在疏散走道距地面高度 1 米以下的墙面上和走道的转角处，其下缘不得低于地面 200mm；出口和疏散通道方向，指示标志联合设置，箭头必须指向通往出口的方向；疏散指示标志不应安装在可燃性构件或装饰件上；疏散指示标志间距不应超过 20 米；标志牌前不得放置妨碍认读的障碍物；消防标志应设在醒目地方，标志牌的下缘距地面高度不宜大于 2 米；不应设在门窗、架等可移动的物体上；安全出口设置高度应与人眼视线一致。

（14）其他消防设施管理：防火门完好、正常使用；常闭式防火门必须关闭；防火卷帘下方不得放置杂物，定期检测；通风空调及防排烟设备应定期检测、清理；消防电梯应按期、按规范检测，确保正常运行；定期检测火灾事故广播、消防通信联动控制功能完好；消防水泵应按规范维护保养，定期做实验；消防管道、稳压泵等设施正常运行，无跑、冒、滴、漏现象。

（15）按国家《建筑灭火器配置设计规范》配置与部位防火特点相符的消防器材。

（16）消防器材落实定位、定责任人、定职责的三定管理制度。

（17）消防器材无过期、无灰尘、无损失、无空瓶；灭火器不得放在难以拿取的地方，不得遮挡和挪用；岗位操作人员熟知性能，并会使用。

4.3.6 检修施工动火

检修施工动火安全检查内容如下：

（1）有明确的动火作业管理制度，严格履行、办理动火审批手续。

（2）作业前进行消防交底，明确消防安全规定，介绍动火现场以及周围环境及具体要求，指导、督促施工单位制定动火方案、安全措施。

（3）检查、督促施工单位落实各项安全措施，整改隐患，纠正违章行为、消除火灾隐患。施工单位作业时，安全措施到位，无违章行为。

4.3.7 消防警示标志

消防警示标志安全检查内容：按照《消防安全标志》（GB 13495—1992）、《消防安全标志设置要求》（GB 15630—1995）等规范的要求，在有较大火灾危险因素的场所和设备设施上，设置明显的消防警示标志，进行危险提示，告知火灾危险性及应急措施等。

4.3.8 相关方管理

相关方管理安全检查内容如下：

（1）与承包商、供应商、协议保产、各类设施设备维保、检修施工等相关方签订项目防火协议，协议应明确规定双方的消防安全责任和义务。

（2）对进入同一作业区的相关方进行统一消防安全管理。开工前，对设备设施、人员进行审查，并进行消防安全交底。

（3）不得将工程项目发包给不具备相应消防安全资质的单位。工程项目承包协议应当明确规定双方消防安全责任和义务。

4.3.9　消防检查及隐患整改

4.3.9.1　消防检查内容

（1）火灾隐患的整改情况以及防范措施的落实情况。

（2）安全疏散通道、疏散指示标志、应急照明和安全出口情况。

（3）消防车通道、消防水源情况。

（4）移动消防器材配置及有效情况。

（5）用火、用电、用气有无违章情况。

（6）重点工种人员以及其他员工消防知识的掌握情况。

（7）消防安全重点部位的管理情况。

（8）易燃易爆危险物品和场所防火防爆措施的落实情况以及其他重要物资的防火安全情况。

（9）消防（控制室）值班情况和建筑消防设施运行、点巡检记录情况。

（10）防火巡查情况。

（11）消防安全标志的设置情况和完好、有效情况。

（12）其他需要检查的内容。

消防安全重点单位和重点部位应当进行每日防火巡查，并确定巡查的人员、内容、部位和频次。其他单位可以根据需要组织防火巡查。

4.3.9.2　消防巡查内容

（1）用火、用电、用气有无违章情况。

（2）安全出口、疏散通道是否畅通，安全疏散指示标志、应急照明是否完好。

（3）各类消防设施、器材运行和消防安全标志是否在位、完整。

（4）常闭式防火门是否处于关闭状态，防火卷帘下是否堆放物品影响其使用。

（5）消防安全重点部位的岗位人员在岗情况。

（6）其他消防安全情况。

4.3.9.3　消防隐患整改内容

（1）开展巡查、检查时应当及时纠正违章行为，妥善处置火灾危险，及时消除火灾隐患。当场无法处置的，应当立即报告。发现初起火灾立即报警并及时扑救。

（2）防火巡查及日常检查应当填写巡查、检查记录，巡查、检查人员及其主管人员应在巡查、检查记录上签名。

（3）检查中，发现隐患能当场整改的，要督促立即整改；对当场不能整改的隐患，下发《火灾隐患整改通知书》，及时向消防安全责任人或管理人报告，提出整改意见，并限期予以整改。

（4）在火灾隐患未消除之前，单位应当落实防范措施，保障消防安全；不能确保消防安全，随时可能引发火灾或一旦发生火灾将严重危及人身安全的，应停工或停用。

（5）火灾隐患整改应形成闭环管理，实施立案销案制度。

4.3.10　防火重点部位管理

防火重点部位管理检查内容如下：

（1）单位应当将容易发生火灾、一旦发生火灾可能严重危及人身和财产安全以及对消防安全有重大影响的部位，按照上级相关规定的要求和标准，确定为消防安全重点部位，设置明显的防火标志，建立健全管理制度，实行严格管理。

（2）防火重点部位的现场应干净整洁，不得存放杂物和其他易燃可燃物资，各类设备设施严禁出现跑、冒、滴、漏现象，消防通道、出口应保持畅通，不得堵塞和占用。

（3）防火重点部位岗位操作人员及维护人员应认真执行防火安全日查制度和设备点、巡检制度，对区域内防火工作和设备设施运行情况进行点、巡检，及时发现、处理异常情况，消除安全隐患，并做好记录。各班组应当每周组织进行一次防火安全检查，并有检查记录备查。

（4）单位各级消防安全责任人、管理人以及消防安全主管部门应加强对防火重点部位的消防安全检查，督促防火安全措施的落实。基层单位责任人对防火重点部位的检查每月不得少于两次，厂（矿）、部、处等责任人、管理人每月不得少于一次，并有检查记录备查。

（5）各单位应当将拟确定的防火重点部位报上级主管部门进行审核审定。

（6）已确认并审核审定的防火重点部位应按照规定建立消防档案。

4.3.11　火灾事故应急救援

火灾事故应急救援检查内容如下：

（1）各单位应按规定建立火灾事故应急管理机构或指定专人负责火灾事故应急管理工作。

（2）各单位应建立与本单位防火工作特点相适应的志愿应急救援队伍（志愿消防队），并定期每半年组织一次训练。

（3）志愿消防队员应熟悉本岗位、部位防火工作的特点，会使用、会操作本岗位消防器材及设施，熟悉本岗位火灾应急处置预案。

（4）各单位应按规定制定单位整体的火灾事故应急预案，并针对防火重点部位制定应急处置方案或措施，形成火灾事故应急预案体系。

（5）每半年组织火灾事故应急预案的演练，并对演练效果进行评估。

4.4　烧结安全生产隐患排查与整改

安全生产隐患是指生产和辅助生产单位违反安全生产法律、法规、规章、标准、规程和公司安全生产管理制度的规定，或者因其他因素在生产、基建过程中存在可能导致事故发生的物的危险状态、人的不安全行为和管理上的缺陷。

在事故隐患的三种表现中，物的危险状态是指生产过程或生产区域内的物质条件（如材料、工具、设备、设施、成品、半成品）处于危险状态；人的不安全行为是指人在工作过程中的操作、指示或其他具体行为不符合安全规定；管理上的缺陷是指在开展各种生产活动中所必需的各种组织、协调等行动存在缺陷。

4.4.1 烧结事故隐患排查治理标准的建立

隐患排查治理标准是开展隐患排查治理工作的主要载体，是实施此项工作的主要工作依据。隐患排查治理标准是依据安全生产相关的法律、法规、规章、标准、规程和安全生产管理制度，结合烧结生产经营的行业特点，摘录出违反上述法律、法规、标准、规章等条款的，且在生产活动中存在可能导致事故发生的物的危险状态、人的不安全行为和管理上的缺陷，通过隐患列举描述项实现对隐患的归纳。

隐患排查治理标准建设可简单地看作是在对现有各级标准进行系统梳理与概括研究的基础上，确定分类依据，形成条理明确和层次清晰的标准明细表，以方便系统了解。

4.4.1.1 建立隐患排查治理标准的作用

建立隐患排查治理标准的作用有：

（1）可以直观地描绘出隐患排查治理的标准化活动的发展蓝图。

（2）能够系统反映全局，有利于明确工作重点、发展方向。

（3）有利于相关部门结合实际进行对照，从发展的战略高度明确方向。

（4）有利于相关部门编制标准制定、修订计划，加快标准的制定、修订速度，提高工作的系统性。

4.4.1.2 编制隐患排查治理标准的原则

编制隐患排查治理标准应遵循以下原则。

A 科学性

科学性是标准化的基本原则，是采用标准的各方有机联系、协调并联、顺利运行的根本保障，也是最高原则。它是由标准化和标准体系的功能所决定的，只有坚持科学性，才能保证整体协调一致的最佳性。

B 全面性

体系表将《国民经济行业分类和代码》中所涉及的所有行业纳入相应的标准体系中，使这些标准协调一致，互相配套，构成完整、全面的整体，不留下漏洞和空白。

C 系统性

系统性是指标准体系中各个标准之间相互依存、相互制约、相互渗透，同时各个标准组又相互区别，具有独特的功能。在确定标准体系的结构层次性时，应该对其系统中各要素进行分析，并从系统高度、具体的目标着手，进行协调组装，有序配套。

4.4.1.3　隐患排查治理标准的主要内容

A　排查治理标准的核心内容

首先需要对隐患排查的主要内容进行合理划分，划分既是对分散于众多法律、法规、规章、标准、规程和安全生产管理制度中隐患描述项的归纳、提炼，又是隐患排查治理标准核心内容组织的关键。相对于安全生产标准化评定标准而言，隐患排查治理标准是其内容的具体化。在安全生产标准化评定标准中，在隐患排查和治理方面只提出了基本要求和原则性规定，而在隐患排查治理标准中，隐患描述项更加详实、细致，可操作性强。

B　隐患排查主要内容划分的原则

隐患排查主要内容的划分是做好隐患排查、整改的基础工作，是编制隐患排查治理标准的核心。隐患排查主要内容的划分应遵循以下基本原则：

（1）唯一性原则。一种隐患的特征只能用一种分类来解释，而不能既属于这一类别，又属于那一类别，以至在不同的类别中重复出现。这是隐患排查主要内容划分最基本的原则，也是隐患排查主要内容划分必须遵循的原则。

（2）通用性原则。任何一种隐患都要有所归属，按其主要标志划归于相应的类型之中。分类的结果必须把全部安全生产事故隐患包括进去，没有遗漏。

（3）稳定性原则。隐患排查主要内容的划分应满足今后一段时期内安全生产监督管理的需要，不能因为安全生产监管方式的改变而改变。

（4）可扩展性原则。在隐患排查主要内容划分类别的扩展上预留空间，保证划分体系有一定弹性，可在本划分体系上进行延拓细化。在保持划分体系的前提下，允许在最后一级划分下制定适用的划分细则。

C　隐患排查治理标准的主要内容

根据隐患排查主要内容的划分原则，结合隐患排查实际工作情况，从现场操作方面对隐患排查的主要内容进行划分，分为基础管理和现场管理两部分，见表4-2。

表4-2　隐患排查主要内容划分表

隐患大类	隐患种类
基础管理	资质证照
	安全生产管理机构及人员
	安全生产责任制
	安全生产管理制度
	安全操作规程
	教育培训
	安全生产管理档案
	安全生产投入
	应急管理
	特种设备基础管理
	职业卫生基础管理
	相关方基础管理
	其他基础管理

隐 患 大 类	隐 患 种 类
现 场 管 理	特种设备现场管理
	生产设备设施及工艺
	场所环境
	从业人员操作行为
	消防安全
	用电安全
	职业卫生现场安全
	有限空间现场安全
	辅助动力系统
	相关方现场管理
	其他现场管理

a 基础管理类

基础管理类隐患主要是针对资质证照、安全生产管理机构及人员、安全生产责任制、安全生产管理制度、安全操作规程、教育培训、安全生产管理档案、安全生产投入、应急救援、特种设备基础管理、职业卫生基础管理、相关方基础管理、其他基础管理等方面存在的缺陷。

（1）单位资质证照类隐患。单位资质证照类隐患主要是指生产经营单位在安全生产许可证、消防验收报告、安全评价报告等方面存在的不符合法律法规的问题和缺陷。如危险化学品经营单位未取得危险化学品经营许可证或危险化学品经营许可证过期等。

（2）安全生产管理机构及人员类隐患。安全生产管理机构及人员类隐患主要是指生产经营单位未根据自身生产经营的特点，依据相关法律法规或标准要求，设置安全生产管理机构或者配备专（兼）职安全生产管理人员。如危险物品的生产、经营、储存单位未设置安全生产管理机构，且仅配备兼职安全生产管理人员。

（3）安全生产责任制类隐患。根据生产经营单位的规模，安全生产责任制涵盖单位主要负责人、安全生产负责人、安全生产管理人员、车间主任、班组长、岗位员工等层级的安全生产职责。其中，生产经营单位至少应包括单位主要负责人、安全生产管理人员和岗位员工三级人员的安全生产责任制。未建立安全生产责任制或责任制建立不完善的，属于此类隐患。

（4）安全生产管理制度类隐患。根据生产经营单位的特点，安全生产管理制度主要包括：安全生产教育和培训制度，安全生产检查制度，具有较大危险因素的生产经营场所、设备和设施的安全管理制度，危险作业管理制度，劳动防护用品配备和管理制度，安全生产奖励和惩罚制度，生产安全事故报告和处理制度，隐患排查制度、有限空间作业安全管理制度、其他保障安全生产和职业健康的规章制度。

生产经营单位缺少某类安全生产管理制度或是某类制度制定不完善时，则称其为安全生产管理制度类隐患。

（5）安全操作规程类隐患。生产经营单位缺少岗位操作规程或是岗位操作规程制定不完善的，则称其为安全操作规程类隐患。

（6）教育培训类隐患。生产经营单位教育培训包括对单位主要负责人、安全管理人员、从业人员以及特殊作业人员的教育培训（如有限空间作业），生产经营单位应根据相关法律法规，满足培训时间、培训内容的要求。生产经营单位未开展安全生产教育培训或是在培训时间、培训内容不达标的，称其为教育培训类隐患。

（7）安全生产管理档案类隐患。安全生产记录档案主要包括：教育培训记录档案、安全检查记录档案、危险场所/设备设施安全管理记录档案、危险作业管理记录档案（如动火证审批）、劳动防护用品配备和管理记录档案、安全生产奖惩记录档案、安全生产会议记录档案、事故管理记录档案、变配电室值班记录、检查及巡查记录、职业危害申报档案、职业危害因素检测与评价档案、工伤社会保险缴费记录、安全费用台账等。

生产经营单位未建立安全生产管理档案或档案建立不完善的，属于安全生产管理档案类隐患。

（8）安全生产投入类隐患。生产经营单位应结合本单位实际情况，建立安全生产资金保障制度，安全生产资金投入（或称安全费用）应当专项用于下列安全生产事项，主要包括：安全技术措施工程建设；安全设备、设施的更新和维护；安全生产宣传、教育和培训；劳动防护用品配备；其他保障安全生产的事项。生产经营单位在安全生产投入方面存在的问题和缺陷，称为安全生产投入类隐患。

（9）应急管理类隐患。应急管理包括应急机构和队伍、应急预案和演练、应急设施设备及物资、事故救援等方面的内容。

应急机构和队伍方面的内容应包括：制定应急管理制度，按要求和标准建立应急救援队伍，未建立专职救援队伍的要与邻近相关专业专职应急救援队伍签订救援协议、建立救援协作关系，规范开展救援队伍训练和演练。

应急预案和演练方面的内容应包括：按规定编制安全生产应急预案，重点作业岗位有应急处置方案或措施，并按规定报当地主管部门备案、通报相关应急协作单位，定期与不定期相结合组织开展应急演练，演练后进行评估总结，根据评估总结对应急预案等工作进行改进。

应急设施装备和物资方面的内容应包括：按相关规定和要求建设应急设施、配备应急装备、储备应急物资，并进行经常性检查、维护保养，确保其完好可靠。

事故救援方面的内容应包括：事故发生后，立即启动相应应急预案，积极开展救援工作；事故救援结束后进行分析总结，编制救援报告，并对应急工作进行改进。

生产经营单位在应急救援方面存在的问题和缺陷，称为应急救援类隐患。

（10）特种设备基础管理类隐患。特种设备属于专项管理，在安全生产事故隐患分类中，为了将专项加以区分，将专项分别分为基础管理和现场管理两部分。

凡涉及生产经营单位在特种设备相关管理方面不符合法律法规的内容，均归于特种设备基础管理类隐患。这类隐患主要包括特种设备管理机构和人员、特种设备管理制度、特种设备事故应急救援、特种设备档案记录、特种设备的检验报告、特种设备保养记录、特种作业人员证件、特种作业人员培训等内容。

（11）职业卫生基础管理类隐患。职业卫生也属于专项管理，凡涉及生产经营单位在职业卫生相关管理方面不符合法律法规的内容，均归于职业卫生基础管理类隐患。这类隐患主要包括职业危害申报、变更申报、职业病防治计划及实施方案、职业卫生管理制度或操作规程、危害因素检测报告、职业危害因素监测及评价、危害告知、设备/化学品材料中文说明书、职业健康监护档案、职业卫生档案、职业卫生机构及人员、职业卫生教育培训、职业卫生应急救援预案等内容。

（12）相关方基础管理类隐患。相关方是指本单位将生产经营项目、场所、设备发包或者出租给的其他生产经营单位。生产经营单位涉及相关方的管理问题，属于相关方基础管理类隐患。

（13）其他基础管理类隐患。不属于上述十二种隐患分类的安全生产基础管理类的不符合项，属于其他基础管理类隐患。

b　现场管理类

现场管理类隐患主要是针对特种设备现场管理、生产设备设施及工艺、场所环境、从业人员操作行为、消防安全、用电安全、职业卫生现场安全、有限空间现场安全、辅助动力系统、相关方现场管理、其他现场管理等方面存在的缺陷。

（1）特种设备现场管理类隐患。特种设备包括锅炉、压力容器（含气瓶）、压力管道、电梯、起重机械、客运索道、大型游乐设施和场（厂）内专用机动车辆，这类设备自身及其现场管理方面存在的缺陷，属于特种设备现场管理类隐患。

（2）生产设备设施及工艺类隐患。生产经营单位生产设备设施及工艺方面存在的缺陷，称为生产设备设施及工艺类隐患，该类隐患中包括重大危险源使用和管理存在的问题和缺陷。此处的生产设备设施不包括特种设备、电力设备设施、消防设备设施、应急救援设施装备以及辅助动力系统涉及的设备设施。

（3）场所环境类隐患。生产经营单位场所环境类隐患主要包括厂内环境、车间作业、仓库作业、危险化学品作业场所等方面存在的问题和缺陷。

（4）从业人员操作行为类隐患。从业人员"三违"主要包括：从业人员违反操作规程进行作业、违反劳动纪律进行作业、负责人违反操作规程指挥从业人员进行作业。从业人员操作行为类隐患包括"三违"行为和个人防护用品佩戴两方面。

（5）消防安全类隐患。生产经营单位消防方面存在的缺陷，称为消防安全类隐患，主要包括应急照明、消防设施与器材等内容。

（6）用电安全类隐患。生产经营单位涉及用电安全方面的问题和缺陷，称为用电安全类隐患，主要包括配电室，配电箱、柜，电气线路敷设，固定用电设备，插座，临时用电，潮湿作业场所用电，安全电压使用等内容。

（7）职业卫生现场安全类隐患。职业卫生专项管理中，涉及生产经营单位在职业卫生现场安全方面不符合法律法规的内容，均归于职业卫生现场安全类隐患。这类隐患主要包括禁止超标作业，检、维修要求，防护设施，公告栏，警示标识，生产布局，防护设施和个人防护用品等方面存在的问题和缺陷。

（8）有限空间现场安全类隐患。有限空间现场安全类隐患主要包括：有限空间作业审批、危害告知、先检测后作业、危害评估、现场监督管理、通风、防护设备、呼吸防护用品、应急救援装备、临时作业等方面存在的问题和缺陷。

（9）辅助动力系统类隐患。辅助系统主要包括压缩空气站、乙炔站、煤气站、天然气配气站、氧气站等为生产经营活动提供动力或其他辅助生产经营活动的系统。其中涉及特种设备的部分归于特种设备现场管理类隐患。

（10）相关方现场管理类隐患。涉及相关方现场管理方面的缺陷和问题，属于相关方现场管理类隐患。

（11）其他现场管理类隐患。不属于上述十种隐患分类的安全生产现场管理类的项，属于其他现场管理类隐患。

4.4.1.4　隐患排查治理标准编制流程

隐患排查治理标准的编制过程分为成立标准编写小组、编写起草、征求意见、试运行、修订更新五个阶段（图4-1），各个阶段周而复始形成闭环，以实现标准的持续改进。

A　成立标准编写小组

由相关部门成立标准编写小组，组织有关单位共同开展隐患排查治理标准编写工作。依据各级管理人员安全生产责任制的要求，由各专业主管部门牵头组织标准编写工作。为了标准格式的统一，建议由安全管理部门对标准编写格式、主要涵盖内容等进行详细规定。

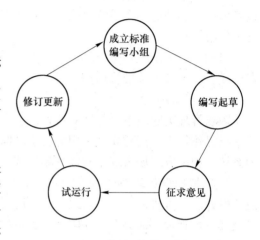

图4-1　隐患排查治理标准的编制过程

B　编写起草阶段

标准编写小组组织有关专家和相关单位共同开展标准编写工作，起草阶段应广泛收集标准的起草依据，认真听取各有关方面的意见，多次召开专家讨论会，反复修改后提出隐患排查治理标准征求意见稿。

C　征求意见阶段

隐患排查治理标准征求意见稿编写完成后，建议通过会议、函审等方式广泛征求标准涉及管理部门、安全管理部门等相关单位的意见，根据各部门提出的建议与意见进行修改完善。

D　标准试运行阶段

隐患排查治理标准编写完成后，应在实际工作中进行实际应用。安全管理部门和行业管理部门组织相关单位根据隐患排查治理标准开展自查工作，在试运行工作中，发现标准中存在的问题，逐一修改完善。

E　修订更新阶段

结合标准实际应用情况，适时对标准内容进行修订更新，以确保标准的内容满足安全生产实际工作的需要。

4.4.2　开展隐患排查

隐患排查是指生产经营单位组织安全生产管理人员、工程技术人员和其他相关人员对本单位的事故隐患进行排查，并对排查出的事故隐患，按照事故隐患的等级进行登记，建立事故隐患信息档案。

4.4.2.1 准备工作

为保证隐患排查工作能够打下坚实的基础，必须做好与之相关的准备工作。隐患排查治理是涉及企业所有部门、所有生产流程、所有人员的一项系统工程，必须做好全面的准备。

A 收集信息

由企业安全生产主管部门和有关专业人员，对现行的有关隐患排查治理工作的各种信息、文件、资料等通过多种行之有效的方式进行收集。此项工作也可以委托与企业有合作关系的服务方来实施。

B 辅助决策

将收集信息形成的有关材料向企业管理层汇报，并说明有关情况，使企业管理层的领导能够全面、正确理解和认识隐患排查治理工作，对企业建设隐患排查治理工作做出正确决策。

C 领导决策

高、中层领导需要从思想意识中真正解决为什么要实施隐患排查治理工作的问题，并为此项工作提供充分的各类资源，隐患排查治理工作才会在企业得到有效和完全的实施。

4.4.2.2 组织机构建设

由厂长担任隐患排查治理工作的总负责人，以安全生产委员会总决策管理机构，以安全生产管理部门为办事机构，以基层安全管理人员为骨干，以全体员工为基础，形成从上至下的组织保证。形成从厂长到一线员工的隐患排查治理工作网络，确定各个层级的隐患排查治理职责。

A 领导层

主要负责人是隐患排查治理工作的第一责任人，通过安委会、领导办公会等形式，将隐患排查治理工作纳入到其日常工作的范围中，亲自定期组织和参与检查，及时准确把握情况，发出明确的指令。主管负责人要在其职责中明确有关隐患排查治理的内容，将有关情况上传下达，做好主要负责人的帮手。其他有关领导也要在各自管辖范围内做好隐患排查治理工作，至少要知道、过问、督促、确认。

B 管理层

安全生产管理机构和专职安全管理人员是隐患排查治理工作的骨干力量，编制有关制度、培训各类人员、组织检查排查、下达整改指令、验证整改效果等是主要的工作内容。还要通过监督方式对各部门和下属单位及所有员工在隐患排查治理工作方面的履职情况进行了解，纳入考核，全力推动隐患排查治理工作的全方位和全员化。

C 操作层

按照责任制、相关规章制度和操作规程中明确的隐患排查治理责任，在日常的各项工作中，员工要有高度的隐患意识，随时发现和处理各种隐患和事故苗头，自己不能解决的及时上报，同时采取临时性的控制措施，并注意做好记录，为统计分析隐患留下资料。

4.4.2.3　建立健全规章制度

制度是企业管理的基本依据，需要企业全面掌握法律法规和标准规范以及上级和外部的其他要求，将其各项具体的规定结合自身的实际情况，通过编制工作将外部的规定转化为本单位内部的各项规章制度，再经过全面地执行和落实，变成本单位的管理行动。隐患排查治理工作也不例外，也基本按这一思路展开。

A　现状评估

要通过评估确认管理现状与企业适用的隐患排查治理标准之间不相符的地方。

（1）法律、法规识别及其他要求的收集和识别。法律、法规识别的主要工作就是收集与企业有关的法律、法规及其他要求的隐患排查治理内容，并对所收集的法律、法规及其他要求的适用性、符合性进行评价。

（2）组织机构分析。认真梳理现有安全生产管理组织机构及其网络是否能全面实现隐患排查治理的各项要求、是否有足够的资源保证、工作效率是否满意等。

（3）规章制度评价。收集、整理企业现有有关隐患排查治理的规章制度，并对其充分性、有效性和可操作性进行评价。

B　隐患排查治理制度策划

（1）在现状评估的基础上，进行隐患排查治理体系规章制度策划，首先要搞清以下几个问题：

1）隐患排查治理的目标与指标；

2）隐患排查治理组织机构及职责；

3）建立隐患排查治理体系需要解决的人、财、物等方面的资源需求；

4）隐患排查治理工作程序（流程）；

5）隐患排查治理体系所需要的记录（台账）；

6）与现有安全管理机构、职责、安全规章制度等相关文件的关系。

（2）在弄清上述问题的基础上，根据《安全生产事故隐患排查治理暂行规定》中对开展隐患排查治理工作所需要的规章制度的要求，需要建立的制度主要有：《隐患排查治理和监控责任制》《事故隐患排查治理制度》《隐患排查治理资金使用专项制度》《事故隐患建档监控制度》（事故隐患信息档案）《事故隐患报告和举报奖励制度》等。上述这些制度要求需要本单位根据自身实际情况进行分析，确定在已有相关制度的基础上所要增加或修订的制度。

（3）隐患排查治理制度的基本结构和内容。隐患排查治理制度的结构和内容并没有统一的模式和要求，各单位都有符合实际需要、适应本身特点的文件形式规定，但通常不外乎以下几个部分：

1）编制目的；

2）适用范围；

3）术语和定义；

4）引用资料；

5）各级领导、各部门和各类人员相应职责；

6）隐患排查主要工作程序和内容等具体规定；

7）需要形成的记录要求及其格式；

8）制度的管理：制定、审定、修改、发放、回收、更新等；

9）相关文件。

隐患排查治理制度还必须有符合本单位相关规定的文件标题和编号。最终要确定隐患排查治理制度的文件数量和框架结构及与其他文件的关系。

C　隐患排查治理制度的编制

组建一支精干、高效的文件编写组是一项非常重要的工作。在编制过程中对文件质量影响最大的应当是编写人员的水平，可以采用过去形成的一些好的做法和经验——做到两种结合：

一是"老中青"结合，老同志经验丰富，青年人视野开阔，中年人兼而有之，形成"黄金搭档"，取长补短；

二是"工技管"结合，"工"是一线作业人员，他们对生产实际最了解，有丰富的一手经验，"技"是技术人员，他们在专业方面有长处，"管"是各类管理人员，他们擅长协调和沟通。将这几类人员的长处结合起来，能够发挥出"1＋1＞2"的作用。

制订严格的编制计划，明确任务、时间、责任人和质量要求，计划必须落实到人，按规定的时间节点检查编制进度，最后进行统稿，以保证格式的统一和内容的协调。

文件编写时还要注意解决如下问题：

（1）要明确谁来负责起草工作？谁来负责组织协调、检查、修改工作？谁来负责文件之间的接口及协调性？

（2）文件编写人员要吸收企业其他管理体系的文件编写人员参加。

（3）文件编写完之后还有一项非常重要的工作，即解决文件的可操作性问题。因此，要落实专人负责向有关部门/人员征求相关文件的意见，以最大程度解决文件的可操作性难题。

以下是《隐患排查治理管理制度》的参考提纲，各单位可根据实际需要将其中的各个部分单独分开、扩展成多个制度，形成一个隐患排查治理制度文件系统。

隐患排查治理管理制度提纲

一、目的

二、适用范围

三、定义、术语和隐患分级

四、机构职责

五、资金保障

计划预算（可与安措项目合并）、来源、审批、使用、监督、审查结算等。

六、工作程序

1. 计划和目标

列入年度安全工作计划和安全目标责任书。

2. 排查方法

排查与检查工作相结合，可结合管理体系的危险源管理和内审或安全标准化自评等方式进行。

3. 检查表

排查与检查必须编制和使用安全检查表。

4. 实施

分为定期和不定期两种排查方法。按企业内部管理职能的设置，不同级别的部门和单位有不同的排查治理周期，通常可以根据企业实际情况对班组级、车间级和厂级等管理层级分别规定从日、周、月到季度的定期周期。不定期为各类专业安全检查和上级检查及特殊情况排查（如发生事故后）。

5. 治理

对排查结果进行分级处理，本着"四定三不推"（四定为定责任人和部门，定时间，定措施。三不推为班组能解决的不推车间，车间能解决的不推厂，厂能解决的不推上级）的原则进行整改和治理。整改和治理根据不同等级分别规定期限，也可用《隐患整改指令书》的形式。对整改和治理结果应由监督部门进行确认。

6. 重大隐患

及时报安全监管局，制定方案并落实，结束后报安全监管局，批准后可开工生产。

七、委外（外委）管理

合格外部单位清单，外部单位必须具备相应资质。

招投标时必须考虑安全水平。

签订合同必须同时签订安全协议，明确双方安全责任和义务。

八、信息档案管理

所有排查治理的隐患必须按企业内部相应级别上报。

建立各级隐患排查治理档案。

主管部门对上报信息进行统计分析，至少每季度和年度进行。

季度和年度向安全监管部门报送《统计分析表》。

九、应急预案

在应急预案中增加自然灾害和重大隐患的应急内容。

十、评价评估

根据行业和企业特点，需要时应进行现状安全评价，并对重大隐患的治理效果进行专项评价和评估，要由有资质的单位进行。

十一、奖励处罚和考核

鼓励和奖励举报行为。

隐瞒不报和谎报的处罚。

此项工作列入安全生产考核内容。

十二、上报

按有关监管部门的要求（文名和号）的要求（具体条款），在信息管理系统的有关平台上的专项功能部分中按时填报相关内容。

D　隐患排查治理制度的文件管理

文件管理是制度编制和贯彻的重要保证，隐患排查治理制度的文件管理也不例外，应当特别关注几个环节：

（1）审批发布。由各级领导按职责权限对隐患排查治理制度文件进行审阅，征求相关意见并进行最后修改，然后按文件发布的权限进行审批，最终按企业文件管理的程序正式发布。

（2）发放。隐患排查治理制度发放到哪一级、哪些人，直接影响到本制度能否充分贯彻执行的程度。很多单位在实际工作中形成了文件只发放到中层领导这一级的习惯，再向下就仅仅是组织员工学习（就是宣读），导致很多真正需要按文件规定进行操作的人员无法获取相应的文本，使文件内容得不到有效实施。

发布不仅是发个红头即可，应当将新增的规章制度纳入已有的文件体系，如汇编、电子版（光盘）、内部网络等。

（3）保存。保存的目的不单是存放，更重要的是方便其使用，因此文件应当保存在方便获取、便于查阅的地方，并应将相关手续告知有关人员。

（4）文件的使用。发布文件的目的是使之得到有效的执行使用，这就要求每个相关人员必须不折不扣地严格按文件规定执行，必须养成良好的"死板"习惯，在制度面前决不能"灵活"使用。

（5）文件的修改。文件在执行过程中发现存在问题时，应当根据提出意见和建议的方法和程序，逐级向上反映，由文件编制部门按手续收集反馈意见，并根据规定的步骤和程序进行修改。

（6）文件作废和存档。当文件换版、作废时，应按相应的步骤规定执行，以防止使用已经过期的文件，保证相关岗位和人员获得有效版本。

业已作废的文件除大部分销毁或处理掉以外，还应保留底稿，目的是使文件的修改有一定的连续性，为今后其他文件的编制提供参考。

4.4.2.4　全面培训

A　初步培训

在全面铺开工作之前，应对有关人员进行初步的培训，使其掌握"谁来干？干什么？如何干？工作质量有什么要求？"等内容。

隐患排查治理体系建设的初期培训对象分为两种：一是对领导层（高层与中层）人员进行背景培训；二是对承担推进工作的骨干人员进行全面培训。

对领导（高层与中层）进行背景培训，通过培训，使相关领导充分认识到企业实施隐患排查治理体系的重要意义、作用，让他们了解整个实施过程，知道自己在整个过程中的工作职责，以及应该给予隐患排查治理工作的支持和保障。

对承担推进工作的骨干人员进行全面培训，主要内容包括：背景（可与领导层培训合并进行）、相关政策法规、隐患排查标准内容详解、制度编写、隐患排查治理过程等方面。

B　全员培训

隐患排查的主体是企业的所有人员，包括从领导到一线员工直到在企业工作范围内的外部人员，以保证排查的全面性和有效性。

在颁布隐患排查治理制度文件之后，组织全体员工，按照不同层次、不同岗位的要求，学习相应的隐患排查治理制度文件内容。

所有人员能不能或者会不会隐患排查是关键，必须对其进行有针对性和有效果的教育培训。在各种安全生产教育培训工作中要将隐患排查的内容纳入，并根据需要做专门的培训，还要确认培训的效果，以保证所有人员有意识、有能力地开展隐患排查。

注意：培训工作应以已有的培训方面的规章制度为准，按其要求实施。

4.4.2.5　实施排查

排查的实施是一个涉及企业所有管理范围的工作，需要有计划、按部就班地开展。

A　排查计划

排查工作涉及面广、时间较长，需要制定一个比较详细可行的实施计划，确定参加人员、排查内容、排查时间、排查安排、排查记录等内容。为提高效率也可以与日常安全检查、安全生产标准化的自评工作或管理体系中的合规性评价和内审工作相结合。

B　隐患排查的种类

a　专项排查

专项排查是指采用特定的、专门的排查方法，这种类别的方法具有周期性、技术性和投入性。主要有按隐患排查治理标准进行的全面自查、对重大危险源的定期评价、对危险化学品的定期现状安全评价等。

b　日常排查

日常排查指与安全生产检查工作结合的排查方法，具有日常性、及时性、全面性和群众性。主要有企业全面的安全大检查、主管部门的专业安全检查、专业管理部门的专项安全检查、各管理层级的日常安全检查、操作岗位的现场安全检查等。

C　排查的实施

以专项排查为例，企业组织隐患排查组，根据排查计划到各部门和各所属单位进行全面的排查，流程及关键点如图4-2所示。

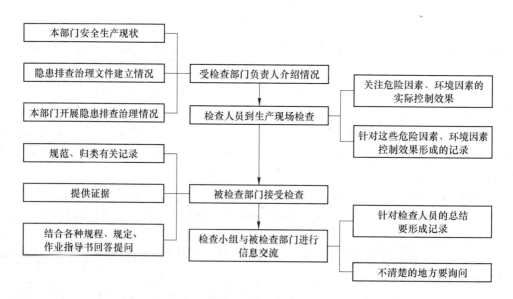

图4-2　在各部门的排查流程及关键点

排查时必须及时、准确和全面地记录排查情况和发现的问题，并随时与被检查单位的人员做好沟通。

D 排查结果的分析总结

（1）评价本次隐患排查是否覆盖了计划中的范围和相关隐患类别。

（2）评价本次隐患排查是否做到了"全面、抽样"的原则，是否做到了重点部门、高风险和重大危险源适当突出的原则。

（3）确定本次隐患排查发现：包括确定隐患清单、隐患级别以及分析隐患的分布（包括隐患所在单位和地点的分布、种类）等。

（4）做出本次隐患排查治理工作的结论，填写隐患排查治理标准表格。

（5）向领导汇报情况。

4.4.2.6 纳入考核和持续改进

为了确保顺利进行隐患排查治理工作，领导必须责成有关部门以考核手段为基本的保障。必须规定上至一把手、下至普通员工以及所有的检查人员的职责、权利和义务，特别是必须明确规定企业中、高层领导在此项工作中的义务与职责。因为，企业的中、高层领导是实施与开展隐患排查治理工作的重要保障力量。

隐患排查治理机制的各个方面都不是一成不变的，也要随着安全生产管理水平的提高而与时俱进，借助安全生产标准化的自评和评审、职业健康安全管理体系的合规性评价、内部审核与认证审核等外力的作用，实现企业在此工作方面的持续改进。

另外，隐患排查治理也为整体安全生产管理提供了持续改进的信息资源，通过对隐患排查治理情况的统计、分析，能够为预测预警输入必要的信息，能够为管理的改进提供方向性的资料。

4.4.3 开展隐患治理

对隐患排查所发现的各种隐患进行治理，才能真正解决生产过程中的各类问题，降低事故风险，提高安全管理水平。

4.4.3.1 一般隐患治理

A 一般隐患分级

一般隐患是指危害和整改难度较小，发现后能够立即整改排除的隐患。为更好地有针对性地治理在企业生产和管理工作中存在的一般隐患，要对一般隐患进行进一步的细化分级。

事故隐患的分级是以隐患的整改、治理和排除的难度及其影响范围为标准的。根据这个分级标准，在企业中通常将隐患分为班组级、车间级、分厂级直至厂（公司）级，其含义是在相应级别的组织（单位）中能够整改、治理和排除。

其中的厂（公司）级隐患中的某些隐患如果属于应当全部或者局部停产停业，并经过一定时间整改治理方能排除，或者因外部因素影响致使企业自身难以排除的应当列为重大事故隐患。

B 现场立即整改

有些隐患如明显的违反操作规程和劳动纪律的行为，这属于人的不安全行为的一般隐患，排查人员一旦发现，应当要求立即整改，并如实记录，以备对此类行为统计分析，确定是否为习惯性或群体性隐患。有些设备设施方面的简单的不安全状态如安全装置没有启用、现场混乱等物的不安全状态的一般隐患，也可以要求现场立即整改。

C　限期整改

有些隐患难以做到立即整改的，但也属于一般隐患，则应限期整改。

限期整改通常由排查人员或排查主管部门对隐患所属单位发出"隐患整改通知"，内容中需要明确列出隐患情况的排查发现时间和地点、隐患情况的详细描述、隐患发生原因的分析、隐患整改责任的认定、隐患整改负责人、隐患整改的方法和要求、隐患整改完毕的时间要求等。

限期整改需要全过程监督管理，除对整改结果进行"闭环"确认外，也要在整改工作实施期间进行监督，以发现和解决可能临时出现的问题，防止拖延。

4.3.3.2　重大隐患治理

针对重大隐患，就需要"量身定做"，为每个重大隐患制定专门的治理方案。由于重大隐患治理的复杂性和较长的周期性，在没有完成治理前，还要有临时性的措施和应急预案。治理完成后还有书面申请以及接受审查等工作。

A　制定重大事故隐患治理方案

内容应当包括：

（1）治理的目标和任务。

（2）采取的方法和措施。

（3）经费和物资的落实。

（4）负责治理的机构和人员。

（5）治理的时限和要求。

（6）安全措施和应急预案。

（7）上级安全部门或其他有关部门所下达的"整改指令书"和挂牌督办的有关内容及指示，也要体现在治理方案里。

B　重大事故隐患治理过程中的安全防范措施

在事故隐患治理过程中，应当采取相应的安全防范措施，防止事故发生。事故隐患排除前或者排除过程中无法保证安全的，应当从危险区域内撤出作业人员，并疏散可能危及的其他人员，设置警戒标志，暂时停产停业或者停止使用；对暂时难以停产或者停止使用的相关生产储存装置、设施、设备，应当加强维护和保养，防止事故发生。

C　重大事故隐患的治理过程

重大事故隐患治理结束前，安全部门应当加强监督检查。必要时，可以提请相关部门暂扣其安全生产资格证；安全部门应当会同有关部门把重大事故隐患整改纳入重点安全专项整治中加以治理，落实相应责任。

D　重大事故隐患治理情况评估

重大事故隐患治理工作结束后，应当组织本单位的技术人员和专家对重大事故隐患的治理情况进行评估；这种评估主要针对治理结果的效果进行，确认其措施的合理性和有效性，确认对隐患及其可能导致的事故的预防效果。评估需要有一定条件和资质的技术人员和专家或有相应资质的安全评价机构实施，以保证评估本身的权威性和有效性。

4.4.3.3 隐患治理措施

隐患治理及其方案都是通过具体的治理措施来实现的，这些措施大体上分为工程技术措施和管理措施，再加上对重大隐患需要做的临时性防护和应急措施。

A 治理措施的基本要求

（1）能消除或减弱生产过程中产生的危险、有害因素。

（2）处置危险和有害物，并降低到国家规定的限值内。

（3）预防生产装置失灵和操作失误产生的危险、有害因素。

（4）能有效地预防重大事故和职业危害的发生。

（5）发生意外事故时，能为遇险人员提供自救和互救条件。

B 工程技术措施

工程技术措施的实施等级顺序是直接安全技术措施、间接安全技术措施、指示性安全技术措施等；根据等级顺序的要求，应遵循的具体原则应按消除、预防、减弱、隔离、连锁、警告的等级顺序选择安全技术措施；应具有针对性、可操作性和经济合理性并符合国家有关法规、标准和设计规范的规定。

根据安全技术措施等级顺序的要求，应遵循以下具体原则：

（1）消除：尽可能从根本上消除危险、有害因素，如采用无害化工艺技术，生产中以无害物质代替有害物质，实现自动化作业、遥控技术等。

（2）预防：当消除危险、有害因素有困难时，可采取预防性技术措施，预防危险、危害的发生，如使用安全阀、安全屏护、漏电保护装置、安全电压、熔断器、防爆膜、事故排放装置等。

（3）减弱：在无法消除危险、有害因素和难以预防的情况下，可采取减小危险、危害的措施，如局部通风排毒装置、生产中以低毒性物质代替高毒性物质、降温措施、避雷装置、消除静电装置、减振装置、消声装置等。

（4）隔离：在无法消除、预防、减弱的情况下，应将人员与危险、有害因素隔开和将不能共存的物质分开，如遥控作业、安全罩、防护屏、隔离操作室、安全距离、事故发生时的自救装置（如防护服、各类防毒面具）等。

（5）连锁：当操作者失误或设备运行一旦达到危险状态时，应通过连锁装置终止危险、危害发生。

（6）警告：在易发生故障和危险性较大的地方，配置醒目的安全色、安全标志，必要时设置声、光或声光组合报警装置。

C 安全管理措施

安全管理措施往往在隐患治理工作中受到忽视，即使有也是老生常谈式的提高安全意识、加强培训教育和加强安全检查等几种。其实管理措施往往能系统性地解决很多普遍和长期存在的隐患，这就需要在实施隐患治理时，主动地和有意识地研究分析隐患产生原因中的管理因素，发现和掌握其管理规律，通过修订有关规章制度和操作规程并贯彻执行来从根本上解决问题。

4.4.3.4　闭环管理

"闭环管理"是现代安全生产管理中的基本要求，对任何一个过程的管理最终都要通过"闭环"才能最后结束。隐患治理工作的收尾工作也是闭环管理，要求治理措施完成后，主管部门和人员对其结果进行验证和效果评估。验证就是检查措施的实现情况，是否按方案和计划的要求一一落实了；效果评估是对完成的措施是否起到了隐患治理和整改的作用，是彻底解决了问题还是部分的、达到某种可接受程度的解决，是否真正能做到"预防为主"。

5 烧结生产危害因素辨识与风险控制

5.1 危害因素

危害因素即危险、有害因素，是指能对人造成伤亡，对物造成突发性损害，或影响人的身体健康导致疾病，对物造成慢性损坏的因素。

5.1.1 危害因素的分类

危害因素分类的方法多种多样，安全评价中常按"导致事故的直接原因""参照事故类别"和"职业健康"的方法进行分类。

5.1.1.1 按导致事故的直接原因分类

依据《生产过程危险和有害因素分类与代码》（GB/T 13861—2009），将生产过程中的危险、有害因素分为四类。

（1）人的因素。包括心理、生理性因素和行为性因素。

（2）物的因素。包括物理性因素、化学性因素和生物性因素。

（3）环境因素。包括室内作业场所环境不良、室外作业场所环境不良、地下（含水下）作业环境不良以及其他作业环境不良等。

（4）管理因素。包括职业安全卫生组织机构不健全、职业安全卫生责任制未落实、职业安全卫生管理规章制度不完善、职业安全卫生投入不足、职业健康管理不完善以及其他管理因素。

5.1.1.2 按照事故类别分类

参照《企业职工伤亡事故分类标准》，综合考虑起因物、引起事故的诱导性原因、致害物、伤害方式等，将危害因素分为20类。

（1）物体打击。指物体在重力或其他外力作用下产生运动，打击人体造成伤害，不包括因机械设备、车辆、起重机械、坍塌等引发的物体打击。

（2）车辆伤害。指企业机动车辆在行驶中引起的人体坠落或物体倒塌、下落、挤压伤亡事故，不包括起重设备提升、牵引车辆和车辆停驶时发生的事故。

（3）机械伤害。指机械设备部件、工具、加工件直接与人体接触引起的夹击、碰撞、剪切、卷入、绞、碾、割、刺等伤害，不包括车辆、起重机械引起的机械伤害。

（4）起重伤害。指各类起重作业（包括起重机安装、检修、试验）中发生的挤压、坠落、物体打击等。

（5）触电。包括雷击伤亡事故。

（6）淹溺。包括高处坠落淹溺，不包括矿山井下透水淹溺。

（7）灼烫。指火焰烧伤、高温物体烫伤、化学灼伤、物理灼伤，不包括电灼伤和火灾引起的烧伤。

（8）火灾。

（9）高处坠落。指在高处作业中发生坠落造成的伤亡事故，不包括触电坠落事故。

（10）坍塌。指物体在外力或重力作用下，超过自身的强度极限或因结构稳定性破坏而垮塌造成的事故，不包括矿山冒顶片帮和爆破引起的坍塌。

（11）冒顶片帮。

（12）透水。

（13）放炮。指爆破作业中发生的伤亡事故。

（14）火药爆炸。指火药、炸药及其制品在生产、加工、运输、储存中发生的爆炸事故。

（15）瓦斯爆炸。

（16）锅炉爆炸。

（17）容器爆炸。

（18）其他爆炸。

（19）中毒和窒息。

（20）其他伤害。

5.1.1.3　按职业健康分类

参照卫生部颁发的《职业危害因素分类目录》，将危害因素分为粉尘、放射性物质、化学物质、物理因素、生物因素、导致职业性皮肤病的危害因素、导致职业性眼病的危害因素、导致职业性耳鼻喉口腔疾病的危害因素、职业性肿瘤的职业危害因素及其他职业危害因素 10 类。

5.1.2　危害因素辨识

危害因素辨识是指识别危害因素存在并确定其性质的过程。常用的危害因素辨识方法有直观经验分析法和系统安全分析法。

5.1.2.1　直观经验分析法

直观经验分析法适应于有可供参考先例、有以往经验可以借鉴的系统，又可分为对照、经验法和类比法。对照、经验法是对照有关标准、法规、检查表或依靠分析人员的观察分析能力，借助于经验和判断能力对评价对象的危害因素进行分析的方法。类比法是利用相同或相似系统或作业条件的经验和劳动安全卫生的统计资料来类推、分析评价对象的危害因素。

5.1.2.2　系统安全分析法

系统安全分析法是应用系统安全工程评价方法中的某些方法进行危害因素的辨识。系统安全分析法常用于复杂、没有事故经验的新开发系统。常用的系统安全分析法有事件树、事故树等。

5.1.3　烧结厂主要危害因素

由于按照事故类别分类方法所列的危害因素与企业职工伤亡事故处理和职工安全教育

的口径基本一致，且易于接受和理解，便于实际应用，本书按照事故类别分类法列举烧结厂的主要危害因素。

（1）物体打击。例如：胶带托辊从高处坠落伤人、搬运重物时脱手砸伤、矿槽或混合机黏结料垮塌伤人、排紧烧结机台车炉箅条时敲击产生的断头炉箅条飞溅伤人等。

（2）车辆伤害。厂内车辆在行驶中将人撞伤、压伤、挤伤等。

（3）机械伤害。烧结设备运转部位直接与人体接触引起的夹击、碰撞、剪切、卷入、绞、碾、割、刺等。

（4）起重伤害。例如：行车运行中对人造成挤伤，从行车上坠落，起吊物坠落伤人，起吊过程中钢绳崩断对人造成的打击伤害等。

（5）触电。例如：盲目进入电除尘器电场内、直接接触裸露线头等。

（6）淹溺。例如：失足掉入循环水池、下水道导致溺水等。

（7）灼烫。例如：高温烧结矿、高温烟气、蒸汽烫伤，氨水、生石灰灼伤等。

（8）火灾。例如：检修动火作业引燃周围可燃物、设备漏油被高温管道或烧结矿引燃、成品胶带被炽热烧结矿引燃以及电气线路老化发热等引发的火灾等。

（9）高处坠落。例如：构建筑物高空平台腐蚀造成人员坠落。

（10）坍塌。例如：原料堆场料堆垮塌。

（11）煤气爆炸。例如：点火炉点火或关火作业操作不当引发煤气爆炸等。

（12）锅炉爆炸。例如：烟气余热锅炉因操作不当或设备故障导致爆炸。

（13）容器爆炸。例如：压缩空气储气罐爆炸，生石灰仓等密闭物料仓超限进料导致仓顶设备爆炸，高压气瓶在震动、受热条件下发生爆炸等。

（14）中毒和窒息。例如：煤气泄漏、氨气泄漏造成中毒，密闭空间作业造成窒息。

（15）其他爆炸。例如：燃料布袋除尘器灰仓内粉尘爆炸。

按照职业健康危害因素分类，烧结厂主要危害因素有粉尘、噪声、高温等。

5.1.4 烧结生产主要危害因素辨识

5.1.4.1 烧结生产危险和有害因素辨识

烧结生产中主要引发职业伤害事故的人的不安全行为、物的不安全状态、环境因素及管理因素如表 5-1 ~ 表 5-4 所示。烧结厂员工应在工作过程中加以注意，以避免发生职业性伤害事故。

A 人的因素（表 5-1）

表 5-1 人的因素分析

种 类	类 型	内 容	备 注
心理及 生理性危险 和有害因素	负荷超限	体力负荷超限、听力负荷超限、视力负荷超限、其他负荷超限	
	健康状况异常	心脏病、高血压、糖尿病等亚健康人群	
	从事禁忌作业	恐高症人员从事高空作业	
	心理异常	情绪异常、冒险心理、过度紧张	
	辨识功能缺陷	感知延迟、辨识错误、辨识功能缺陷	
	其他心理、生理性危险和有害因素	精神卫生健康异常	

种 类	类 型	内 容	备 注
行为性危险和有害因素	指挥失误	指挥失误、违章指挥	管理人员
	操作错误	误操作、违章作业、习惯性操作	
	监护失误	联保互保不到位	
	其他行为性危险和有害因素	违反劳动纪律行为	

B　物的因素（表 5-2）

表 5-2　物的因素分析

种 类	类 型	内 容	备 注
物理性危险和有害因素	设备、设施、工具、附件缺陷	强度不够、刚度不够、密封不严、耐腐蚀性差、外形缺陷、外露运动件、操纵器缺陷、制动器缺陷、控制器缺陷等	包括人员易触及运动件
	防护缺陷	无防护、防护装置设施缺陷、防护不当、支撑不当、防护距离不够	防护用品可靠性差，使用不当
	电伤害	带电部位裸露、漏电、静电、电火花	人员易触及裸露带电部位
	噪声	机械性噪声、电磁性噪声、流体动力性噪声	
	振动危害	机械性振动、电磁性振动、流体动力性振动	
	运动物伤害	抛射物、飞溅物、坠落物、反弹物	
	明火	电气焊作业	
	高温物质	高温气体、高温液体、高温固体	
	低温物质	低温气体、低温液体、低温固体	
	有害照明	直射光、反射光、眩光、频闪效应	
化学性危险和有害因素	爆炸品	液氨、煤气	

C　环境因素（表 5-3）

表 5-3　环境因素分析

种 类	类 型	内 容	备 注
室内作业场所环境不良	室内地面滑	结冰、油污等	
	室内作业场所狭窄		
	室内作业场所杂乱		
	室内楼梯缺陷	包括扶手、栏杆、护网等缺陷	
	地面、墙和天花板上的开口缺陷	包括电梯、门窗开口、排水沟等	
	室内安全通道缺陷	无安全通道、狭窄、不畅等	
	房屋安全出口缺陷	无安全出口、设置不合理等	
	采光照明不良	照明度不足或过强、烟尘弥漫影响照明等	
	作业场所通风不畅	通风差、缺氧、有害气体超限	

种 类	类 型	内 容	备 注
室外作业场所环境不良	恶劣气候与环境	风、雨、雷电、雾、雪等	
	作业场地和交通设施湿滑	阶梯、走道、通道等被液体、冰雪覆盖或其他易滑物	
	作业场地狭窄		
	作业场地杂乱		
	脚手架、阶梯和活动梯缺陷	扶手、栏杆、护网	
	地面开口缺陷	井、沟、渠等	
	建筑物和其他结构缺陷		
	门和围栏缺陷		
	作业场所安全通道或出口缺陷	狭窄、不畅、设置不合理	
	作业场地光照不良	不足或过强、烟尘影响光照	
	作业场地通风不畅	通风差、缺氧、其他有害气体超限	

D 管理因素（表5-4）

表5-4 管理因素分析

种 类	类 型	内 容	备 注
管 理	安全生产责任制未落实		
	安全规章制度不完善	"三同时"未落实、操作规程不完善、事故应急预案及响应缺陷、培训制度不完善、其他安全管理制度不健全	
	职业健康管理不完善		

5.1.4.2 烧结主要作业危害因素辨识

A 烧结原料准备作业

（1）劳保用品穿戴不齐全或不规范造成人身伤害。

（2）作业人员精神状态差或无互保对子单人作业发生误伤害。

（3）楼梯走台栏杆不牢固，上下堆取料机未手扶栏杆，易造成跌倒摔伤。

（4）巡检通道有散料、油泥、障碍物或照明亮度不够，易发生跌伤事故。

（5）单人巡检未落实班中联系制度，安全无保障。

（6）系统联锁启动前，没有广播清楚或等待时间不足，易发生机械伤害。

（7）岗位突然停机，岗位没有确认回复就启动设备，易发生机械伤害。

（8）岗位单动试车，没有得到相关人员检查确认，而擅自启动设备或盲目听从违章指挥，操作牌未到提前启动设备，易发生机械伤害。

（9）现场灰尘大视线不清，易造成人员滑跌摔伤。

（10）未执行吊车和电葫芦使用的管理制度，易发生起重伤害。

（11）吊运物件时，操作配合不当，易发生物体打击事故。

（12）未确认吊车安全设施是否完好而盲目操作，易发生险肇事故。

（13）抓料时，未确认仓库是否有人和障碍物或打反档开大车，易发生伤害事故。

（14）原料库清底作业前，车皮内装卸工未撤离，清道未给红灯，易发生人身伤害事故。

（15）吊车操作完毕停车后，不切断电源开关，易发生人身伤害。

（16）处理吊车故障时不停电，易误操作，将手绞入滑轮。

（17）站位配合不当，易发生脚卡进滑轮或被钢绳、工具击伤。

（18）站在抓斗上未佩挂安全带，易发生坠落事故。

（19）吊车定位作业时，无警示、两端未安装夹轨器，易发生撞击事故。

（20）无安全措施，冒险在大车轨道上作业，易发生高空坠落事故。

（21）在翻车机区域设备巡检时，车辆进出频繁，易撞伤。

（22）翻车前未确认平台上下、矿槽、车皮内是否有人和障碍物，擅自翻车，易发生伤害事故。

（23）站在变形磨损或缺失的箅板上清理矿槽，易发生跌倒、摔伤、坠落事故。

（24）清理矿槽积料未确认风管捆绑是否牢靠，易发生风管脱落伤人；不戴防护眼镜，易发生物料飞溅伤眼。

（25）不停电处理车皮掉道，易发生机械伤害或物体打击事故。

（26）清车皮内底料和清轨道上积料作业前，未送红色信号灯，易发生机车伤害事故。

（27）进入车皮内作业前未与吊车工联系或指挥站位不当，易发生起重伤害事故。

（28）未确认车皮爬梯、车门是否安全可靠，易发生坠落事故。

（29）现场行走不注意安全，易发生滑跌摔伤事故。

B　配料作业危害因素辨识

（1）劳保用品穿戴不齐全或不规范造成人身伤害。

（2）作业人员精神状态差或无互保对子单人作业误伤害。

（3）矿槽岗位上下设备未停电冒险作业或槽上小车未定位而伤人。

（4）进入槽内作业未确认空气炮是否停电，误动作导致气流击伤或物料飞溅伤人。

（5）进入槽内作业，未确认是否粘料，是否易发生物料坍塌。

（6）软梯或竹梯固定不牢、未按要求佩挂安全带、安全绳，易造成坠落伤人。

（7）仓促上场作业，工具有缺陷，易发生机具伤害。

（8）未按规定使用安全灯，易发生触电事故。

（9）用钢钎撬或用手转动联轴器，回弹伤人。

（10）清理仓库矿槽时，站位配合不当，不挂灯不插旗，易发生撞伤。

C　混合制粒作业危害因素辨识

（1）劳保用品穿戴不齐全或不规范造成人身伤害。

（2）作业人员精神状态差或无互保对子单人作业误伤害。

（3）巡检时身体靠近传动部位，易发生机械伤害。

（4）地面有油渍未清除，行走时滑跌受伤。

（5）无安全照明，无通风设施，易造成机具伤害、触电、中暑。

（6）未停电、未确认、图省事、盲目作业，易发生事故。

（7）挖料前未清除管梁上积料，易造成物体打击。

（8）筒体倒空松料转动时，未确认作业人员撤离，易造成机械伤害。

（9）松料倒空再挖时，未再次办理停电手续。

（10）无专人监护，人员安排不当，疲劳作业，工具不齐全完好、人员站位不当，会造成机具伤害。

D 烧结机作业危害因素辨识

（1）劳保用品穿戴不齐全或不规范造成人身伤害。

（2）作业人员精神状态差或无互保对子单人作业发生误伤害。

（3）作业前未执行停、送电制度，作业工具不齐全且使用不当，易造成机械伤害。

（4）检查时靠近设备传动部位或脚踏台车轨道，易造成机械伤害。

（5）未携带煤气检测仪，易发生中毒事故。

（6）在烧结机台车料面抽洞周围停留，易发生被吸入伤害事故。

（7）不与中控室联系，无人监护，不停烧结机边转边处理故障，易发生机械伤害和物体打击事故。

（8）进小矿槽内作业前，未清除黏结悬料或未关蒸汽，易发生垮料砸伤或烫伤事故。

（9）作业时乱扔箅条，易发生物体打击事故。

（10）台车运行时，脚踏轨道或台车，容易造成机械伤害事故。

（11）进入大烟道作业前未确认上方有无作业项目，易发生坠物伤人事故。

（12）烧结机试车时，未检查确认单辊、小格是否有人作业，易造成机械伤害。

（13）单辊堵料时，盲目开单辊门，被高温矿料砸伤或烫伤。

（14）清理漏斗堵料时，作业人员站位、配合不当，易造成机具伤害事故。

（15）进入小格作业时，未发现箅板松脱，易发生坠落事故。

（16）在高温环境下作业时，易发生烫伤或中暑事故。

（17）将手伸到漏斗内取杂物，易造成机械伤害事故。

（18）漏斗、风箱、集尘管切割开口未制定作业方案或不按方案执行，易造成伤害事故。

（19）捅料作业时，站在开口处正下方，易发生物料喷出伤人事故。

（20）高处作业未系安全带，地面区域未设置警戒和无专人监护，易发生伤害事故。

（21）点火、关火、烘炉和生产操作煤、空气调节作业，未严格按技术操作规程规定的安全步骤执行，易发生煤气回火、脱火、中毒、爆炸事故。

（22）烟道内废气浓度高，易造成中毒或窒息。

（23）设备巡检时站位不当，梭式小车和摆式布料器来回移动，易发生机械伤害事故。

（24）进入梭式小车或摆式安全护栏内没有停电，易发生伤害事故。

（25）传动部位安全罩、矿槽箅板缺失，易发生伤害事故。

（26）站在变形或缺失的箅板上作业，易发生摔伤事故。

（27）未按规定使用安全灯，易发生触电。

（28）矿槽岗位上下设备未停电冒险作业或供料胶带机、小车移动伤人。

（29）不按要求佩挂安全带或梯子未固定，易发生坠落事故。

（30）未关蒸汽或空气炮未停电就盲目下槽，易造成灼伤或物料打击。

E 成品处理系统作业危害因素辨识

（1）劳保用品穿戴不齐全或不规范造成人身伤害。

（2）作业人员精神状态差或无互保对子单人作业发生误伤害。

（3）现场照明不足，易发生碰撞、滑跌伤害。

（4）上下楼梯未手扶栏杆，易造成人员滑跌伤害。

（5）楼梯、斜坡处有散料油泥，易发生跌伤事故。

（6）在环冷内外圈巡检时未佩戴护目镜被吹出的粉尘伤害。

（7）在带冷巡检时，未与台车保持安全距离易发生机械伤害。

（8）巡检观察时，脚踏台车轨道或卸灰小车轨道造成机械伤害。

（9）检修作业时，未办理相关岗位停电手续，易发生机械伤害事故。

（10）未检查确认工具是否完好牢固，易发生物体打击事故。

（11）进入漏斗前未确认，上方积料坍塌伤人。

（12）将手伸入卸灰阀内，易造成机械伤害事故。

（13）环冷、带冷机平台多层交叉作业，易发生伤害事故。

（14）振动筛隔离防护罩、栏不全、不牢靠，运行中振动子脱落或轴断飞击伤人。

（15）清理筛板作业，未佩挂安全带，易发生滑跌坠落事故。

（16）进出筛子未搭好跳板，易发生坠落事故。

（17）液力耦合器易熔塞失效，易发生爆裂伤害事故。

5.2　危险源控制

《职业健康安全管理体系规范》（GB/T 28001—2009）定义，危险源是指可能造成人员伤害、疾病、财产损失、作业环境破坏或其他损失的根源或状态。

从安全生产的角度解释，危险源是指一个系统中具有潜在能量和物质释放危险的、可造成人员伤害的、在一定触发因素作用下可转化为事故的部位、区域、场所、空间、岗位、设备等。

5.2.1　危险源辨识

危险源辨识是指识别危险源存在并确定其性质的过程。

危险源辨识包括三方面内容：一是危险源的名称、存在的确切部位、人员在这个部位的生产活动情况；二是危险源可能演变成的事故及可能的规模；三是危险源演变成事故的过程、诱发因素、所需条件。

5.2.1.1　危险源定点

危险源的定点是指根据危险因素辩识分析可能产生的危害和伤害程度，确定是否将某区域、岗位或者设备设立为危险源点。

5.2.1.2　危险源分级

根据已确定设立的危险源点可能造成的伤害程度，分为 A、B、C 三个级别。

A 级危险源是指可能造成多人伤亡或引起火灾、爆炸、设备及厂房设施毁灭性破坏的危险源。

B 级危险源是指可能造成死亡，或永久性全部丧失劳动能力（终身致残性重伤）或可能造成生产中断（一个班以上）的危险源。

C级危险源是指可能造成人员永久性局部丧失劳动能力（伤愈后能工作但不能从事原岗位工作的重伤）或危及生产暂时性中断（一个班以内）的危险源。

重大危险源辨识执行国家《重大危险源辨识标准》（GB 18218—2009）。

5.2.1.3　危险分析

危险源点危险分析通常采用危险因素分析和事故模式分析的方法。

A　危险因素分析

对危险源系统中存在的物的不安全因素，如：易燃易爆物质、腐蚀性物质、生产性毒物、生产性粉尘、噪声、振动、辐射、高温和低温、设备与设施的本质安全状况、作业环境等进行分析，预知可能产生的危害。

B　事故模式分析

设想系统内设备、设施和作业在运行中，将可能会发生什么事故，并对这些事故可能会产生的影响进行描述。事故模式分析可应用系统安全工程分析方法，如：鱼刺图分析法、故障树分析法（FTA）、事件树分析法（ETA）等，要从物的不安全状态、人的不安全行为两方面分析危险源点一旦失控可能造成的危害、伤害程度。

5.2.2　危险源控制

危险源的控制就是要对危险源中潜在能量和物质释放予以控制，消除或隔离可能导致能量和物质释放的诱发因素，并针对事故模式，根据"假想事故原因和条件分析"的结果，制定危险源的安全控制措施。其应包括以下内容：

（1）国家标准、行业标准和企业标准中的适合现场实际的部分。

（2）技术措施。应把改善劳动生产条件和作业环境，提高安全技术装备水平放在首位，力求在消除危险因素和隐患的基础上落实管理措施。

（3）预测、控制事故的措施，包括危险预知活动，检查、检测、检验活动，岗位标准化作业等。

（4）管理措施。应明确各级管理者对危险源点的管理职责。

（5）应急救援措施方案。危险源控制点必须建立事故应急预案或者岗位事故应急作业指南，及时有效处理突发事故，最大限度地降低事故损失。

5.2.3　烧结生产危险源管理

5.2.3.1　危险源警示

在危险源控制区域醒目处设置危险源警示牌。警示牌内容应包含危险源主要危险因素、可能的事故伤害模式及应采取的主要对策措施。

A、B、C级危险源标志牌应设置在邻近进入危险源生产、储存场所的入口或醒目处，多个入口或场所范围较大的需设置多块安全警示牌。

A、B、C级危险源标志牌尺寸大小可设定为（60cm×40cm），内容由危险源级别、危险源名称、编号、主要危险物（或能量）、事故类别、危险因素、控制措施、各级责任人等组合构成。

5.2.3.2 烧结生产中主要危险源

结合烧结作业的特点，通过危险因素辨识分析，确定了两级烧结工序危险源点，其中 B 级 1 种，C 级 10 种，具体如表 5-5 所示。

表 5-5　烧结危险源控制点汇总明细

序号	危险源名称	级别	主要危险因素	责任人	备注
1	烧结机	B	煤气中毒、爆炸、机械伤害	主任、安全员、班组长	
2	胶带运输机	C	机械伤害	安全员、班组长	
3	空压机	C	机械伤害、容器爆炸	主任、安全员、班组长	
4	电除尘器	C	机械伤害、中毒窒息、触电	主任、安全员、班组长	
5	四辊破碎机	C	机械伤害	安全员、班组长	
6	余热锅炉	C	锅炉爆炸	主任、安全员、班组长	
7	翻车机	C	机械伤害	主任、安全员、班组长	
8	桥式抓斗吊车	C	起重伤害	主任、安全员、班组长	
9	锤式破碎机	C	机械伤害	安全员、班组长	
10	脱硫氨稀释器	C	中毒、容器爆炸、灼烫	主任、安全员、班组长	

5.2.3.3 烧结生产中危险源点危害辨识

A　烧结机（表 5-6）

表 5-6　烧结机危害辨识表

危险控制点名称		烧结机	级别：B		编号：
主要危险物质		煤气、机械			
事故类别	煤气中毒、爆炸、机械伤害		所在车间		
序号	危险因素		控制措施内容		
1	作业前相关设备未停电，启动设备前未检查确认		作业前办理相关设备停电手续，确认人员精神状态良好，现场确认无误后，通知中控操作员启动设备		
2	接触设备传动部位或运转部位		设备运行中，禁止接触设备传动部位或运转部位		
3	在台车料面抽洞边缘行走作业或吊物下行走、停留、脚踏轨道作业		禁止在台车料面抽洞 0.5 米内或吊物下行走、停留，检查台车时严禁脚踏台车轨道，更换台车应关风并专人指挥，严禁歪拉斜吊		
4	携带易燃、易爆物品进入煤气区域		严禁携带易燃、易爆物品进入煤气区域并严禁在煤气区域内抽烟		
5	未携带便携式 CO 检测仪检查煤气设施		进入煤气区域必须携带便携式 CO 检测仪检查煤气设施，处理煤气泄漏必须佩戴空气呼吸器，两人以上配合作业		
6	违反点火、关火安全操作规程		严格按点火、关火操作规程操作		
7	现场违章动火作业、现场有明火		动火作业必须办理相关动火手续，专人守护，煤气区域内 10 米禁止明火		
8	联保互保未落实，单人作业		执行安全操作规程，禁止单人作业，执行联保互保制度		

续表 5-6

序号	危 险 因 素	控制措施内容
9	设备检修时无专人协调统一指挥、专人检查落实	设备检修时专人协调统一指挥、专人监护
10	交叉作业无专人统一指挥、专人检查落实	排整算条、更换台车、更换风箱支管、大烟道内等交叉作业不得同时进行，交叉作业时采取隔离措施，统一协调、指挥、专人监护
11	未执行巡检制度	按规定进行设备点检工作
12	U 形水封无水，煤气管道、阀门泄漏密漏煤气	检查 U 形水封溢流水正常，管道、阀门排污阀等无泄漏，检查时携带便携式 CO 检测仪，处理煤气泄漏时佩戴空气呼吸器
13	检测工具有缺陷	检查检测工具有无缺陷，发现缺陷及时联系处理，故障情况下制定安全作业措施
14	设备安全设施、作业工具有缺陷	有轴必有套，有轮必有罩，有台必有栏，有井必有盖，齐全完好，检查各项作业工具、起重设施及消防设施齐全完好
15	大烟道内吊篮内杂物或保温层、走道脱掉	进入大烟道应先检测，使用安全照明，检查大烟道吊篮内杂物或保温层是否脱落，走道是否完好，进入烟道作业要挂牌
16	机尾台车悬料	烧结机机尾空 2~3 块台车，才能进入单辊内作业
17	现场照明亮度不够，能见度低，噪声、粉尘较大	增加临时照明亮度，佩戴耳塞、防尘口罩
18	现场通风不好，有油渍，环境温度高	增加鼓风机、保持畅通，及时清理油渍，禁止接触高温区域

烧结机危害因素分析鱼刺图见图 5-1、图 5-2。

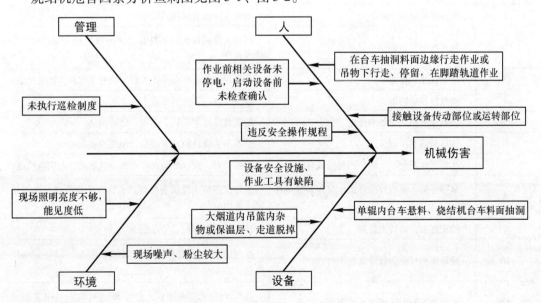

图 5-1 烧结机危害因素分析鱼刺图（一）

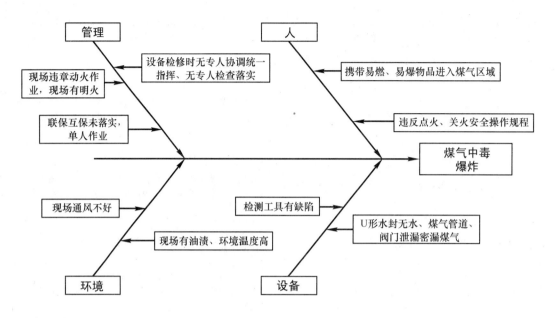

图 5-2　烧结机危害因素分析鱼刺图（二）

B　胶带运输机（表 5-7）

表 5-7　胶带运输机危害辨识表

危险控制点名称	胶带运输机		级别：C		编号：
主要危险物质或能量	机械、胶带				
事故类别	机械伤害		所在车间		
序　号	危　险　因　素		控制措施内容		
1	劳保用品穿戴不规范		按规定穿戴劳保用品		
2	精神状态差，误操作		检查人员精神状态不符合上岗条件禁止上岗，按安全规定操作		
3	习惯性违章作业		加强培训熟练掌握操作规程，检查督促落实相关规定		
4	接触设备运转部位		禁止接触设备运转部位		
5	处理故障相关设备未停电		处理故障必须停机、停电，做好确认		
6	确认制落实不到位		学习相关确认制，督促执行相关确认制		
7	运转部位安全罩、防护网拆除或有缺陷		加强检查，发现缺陷及时整改，或制定临时防范措施		
8	紧停开关、事故拉绳开关、拉紧装置等有缺陷		正常生产禁止拆卸安全防护装置，不恢复或无临时措施不生产		
9	挡皮跑出，边转边处理		挡皮跑出须停机、停电处理		
10	胶带压料打滑等故障处理不当		停电清料，向胶带机驱动滚筒撒松香（保持安全距离）		
11	安全管理制度、规定、规程等不完善		每半年一次危害辨识，每年修订一次安全相关制度规定		

续表5-7

序 号	危 险 因 素	控制措施内容
12	各部门车间沟通协调不到位	加强沟通协调
13	领导不重视，各级检查督促不到位	领导重视，督促检查各级安全责任制的落实，严格考核
14	联保互保未落实，单人作业	督促落实联保互保制度，处理故障必须两人以上作业
15	安全教育不到位	督促落实安全教育考试，不合格禁止上岗
16	行走通道有颗粒物料	及时处理通道颗粒物料
17	设备、物品等堆放未定置，不规范	堆放要规范，并定置摆放，禁止堵塞安全消防通道
18	现场照明亮度不够	佩戴电筒或头灯
19	现场噪声、粉尘较大	治理噪声、粉尘，达到国家标准要求

胶带运输机危害因素分析鱼刺图见图5-3。

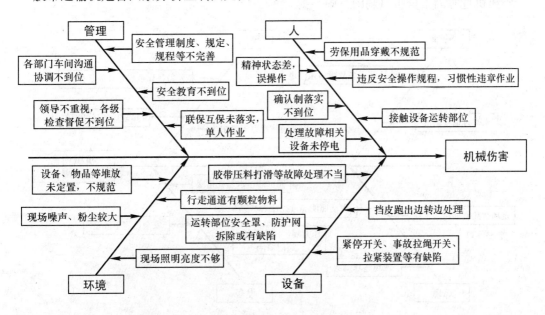

图5-3　胶带运输机危害因素分析鱼刺图

C　空压机（表5-8）

表5-8　空压机危害辨识表

危险控制点名称		空压机		级别：C	编号：
主要危险物质或能量		机械传动、高压空气、油脂			
事故类别		机械伤害、容器爆炸、火灾	所在车间		
序　号	危 险 因 素		控制措施内容		
1	无特种作业证人员操作特种设备		持特种作业证操作人员上岗操作		
2	接触设备运转部位		设备运行中，禁止身体任何部位与运转设备接触		
3	注意力不集中，操作失误		集中精力，按标准程序操作		

续表 5-8

序　号	危 险 因 素	控制措施内容
4	处理设备故障前未停电	按规定办理相关设备停送电手续
5	未执行巡检制度	按规定进行设备点巡检工作
6	现场照明差，走道杂乱，油污、水渍造成滑跌	确保现场照明完好，地面无杂物，油污、水渍及时清理
7	现场违章动火	执行动火审批制度，采取有效防护措施
8	安全设施不齐全	发现缺陷及时联系处理，故障情况下制定安全作业措施
9	储水罐排水器孔堵塞	及时清理储水罐排水器孔，保持畅通
10	安全阀、压力表失效	保持各种仪表、阀门安全有效

空压机危害因素分析鱼刺图见图 5-4。

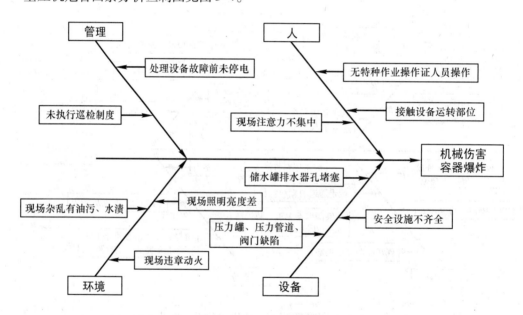

图 5-4　空压机危害因素分析鱼刺图

D　电除尘器（表 5-9）

表 5-9　电除尘器危害辨识表

危险控制点名称	电除尘器		级别：C	编号：
主要危险物质或能量	电、机械、高温废气			
事故类别	触电、机械伤害、中毒窒息、灼烫		所在车间	
序　号	危 险 因 素		控制措施内容	
1	人员精神状态差，操作不熟，未安全交底及风险预测		确认人员精神状态和熟练掌握操作技能，落实安全交底	
2	劳保用品穿戴不规范，高空作业未挂安全带		按规定规范穿戴劳保用品，2 米以上高空作业挂安全带	

续表 5-9

序　号	危 险 因 素	控制措施内容
3	设备、工具、附件、安全设施有缺陷，未及时发现或故障情况下操作不当	发现缺陷及时联系处理，故障情况下制定安全作业措施
4	作业前相关设备未停电或误停电	按规定办理相关设备停送电手续并确认
5	违章操作，联保互保不到位，处理故障单人作业	按安全操作规程（安全作业指导书）规定操作，落实联保互保制度，两人以上作业
6	正常生产，擅自打开高压隔离柜门、保温箱门、人孔门	生产时，禁止打开高压隔离柜门、保温箱门、人孔门
7	电场外壳焊补作业，主抽风机未停机	主抽风机停机
8	进入电除尘器内作业未办理停煤气、停主抽风机及脱硫抽风机，未放电、未检测废气浓度、未使用安全照明	按规定办理电场、风机、振打等相关设备停电，确认停煤气，按要求放电，检测废气浓度低于 24×10^{-6}，使用 36V 安全照明
9	接触设备传动部位或运转部位	禁止接触设备传动部位或运转部位
10	启动设备前未检查确认	现场确认无误后，中控操作员启动设备
11	电场内部温度过高、粉尘浓度较大、电场空间狭小有积料	按规定佩戴耳塞、防尘口罩；通风冷却后方能进入，清理积料后注意站位
12	进电场人孔门未挂"检修作业"牌	进入电场作业前必须悬挂"检修作业，禁止关门"警示牌
13	多层次多工种交叉作业	专人负责组织协调

电除尘器危害因素分析鱼刺图见图 5-5、图 5-6。

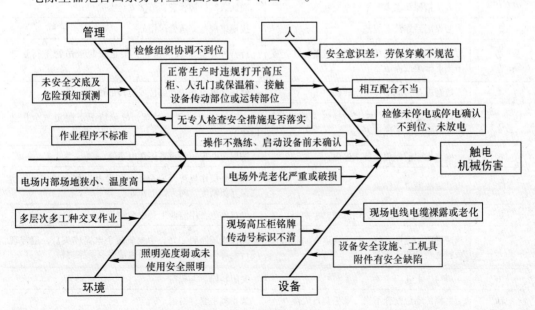

图 5-5　电除尘器危害因素分析鱼刺图（一）

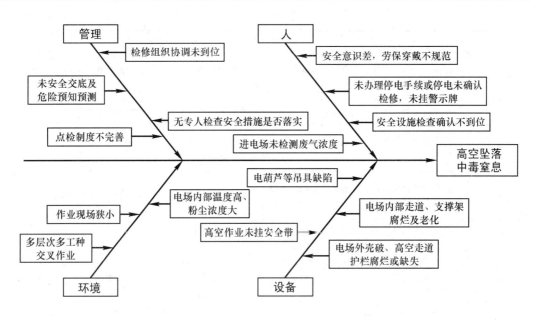

图 5-6　电除尘器危害因素分析鱼刺图（二）

E　四辊破碎机（表 5-10）

表 5-10　四辊破碎机危害辨识表

危险控制点名称	四辊破碎机	级别：C	编号：
主要危险物质或能量	机械、噪声		
事故类别	机械伤害	所在车间	

序　号	危 险 因 素	控制措施内容
1	人员精神状态差，未安全交底	确认人员精神状态，落实安全交底
2	劳保用品穿戴不规范	按规定规范穿戴劳保用品
3	无特种作业证人员操作特种设备，在起重吊物下行走或停留	持特种作业证人员操作，禁止在起重吊物下行走或停留
4	接触设备传动部位或运转部位	禁止接触设备传动部位或运转部位
5	设备、安全设施、工具有缺陷，未及时发现或故障情况下操作不当	发现缺陷及时联系处理，故障情况下制定安全作业措施
6	检修作业前相关设备未停电	按规定办理相关设备停送电手续
7	处理故障单人作业	按安全操作规程（安全作业指导书）规定操作，落实联系互保制度，两人以上作业
8	四辊堵料、卡杂物，用脚踩、手掏	停机停电，用专业工具取杂物
9	现场照明亮度不够，行走通道有油泥，有颗粒物料易造成滑跌	确保现场照明完好，中夜班带手电筒或头灯，遵守现场行走确认制，及时清除通道油泥及颗粒物料
10	料门、人孔门未关	关闭料门、人孔门
11	更换传动带配合不当，戴手套打大锤	禁止戴手套打大锤
12	直接用手清理电磁铁杂物	告停胶带机，再停磁铁电源，戴手套取杂物

续表 5-10

序　号	危　险　因　素	控制措施内容
13	未执行巡检制度，启动设备前未检查确认	按规定进行设备点巡检工作，现场确认无误后启动设备
14	现场噪声、粉尘较大	佩戴耳塞、防尘口罩
15	车辊作业未佩戴护目镜，无专人协调	作业时必须佩戴护目镜，持特种作业证操作起重设施，专人负责组织协调

四辊破碎机危害因素分析鱼刺图如图 5-7 所示。

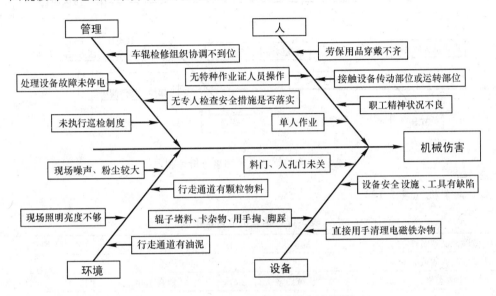

图 5-7　四辊破碎机危害因素分析鱼刺图

F　余热锅炉（表 5-11）

表 5-11　余热锅炉危害辨识表

危险控制点名称	余热锅炉		级别：C	编号：
主要危险物质或能量	高压蒸汽			
事故类别	锅炉爆炸、灼烫		所在车间	

序　号	危　险　因　素	控制措施内容
1	无特种作业证人员操作特种设备	持特种作业操作证人员上岗操作
2	注意力不集中，操作失误	集中精力，按标准程序操作
3	确认不到位	检查确认无误后启动设备
4	故障处理设备未停电	故障处理前办理相关设备停电
5	阀门、仪表未挂牌，随意开关	现场阀门、仪表挂牌，严禁随意动阀
6	未执行巡检制度	按规定进行设备点巡检工作
7	现场堆放易燃物品	检查现场无易燃物品
8	现场违章动火	执行动火审批制度，采取有效防护措施
9	水位计、安全阀、压力表等缺陷	各种仪表、阀门等设施运行正常
10	蒸发器漏水、气包缺水、排污阀堵塞	加强设备维护，补水、排污系统正常
11	锅炉干烧，冷水进入锅炉	按事故紧急停机应急程序操作

余热锅炉危害因素分析鱼刺图见图 5-8。

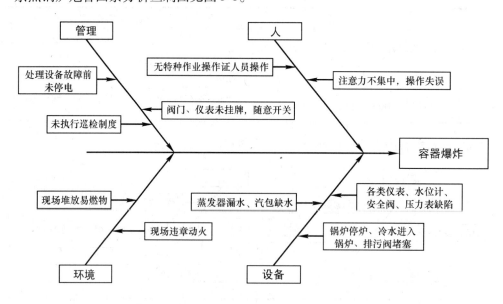

图 5-8　余热锅炉危害因素分析鱼刺图

G　翻车机（表 5-12）

表 5-12　翻车机危害辨识表

危险控制点名称	翻车机		级别：C		编号：
主要危险物质或能量	机械传动				
事故类别	机械伤害		所在车间		
序　号	危 险 因 素		控制措施内容		
1	设备巡检，不停操作电源		巡检设备前，必须断开操作电源		
2	接触设备传动部位或运转部位		设备运转中，禁止身体任何部位与运转设备接触		
3	操作前未检查确认		操作前检查确认相关部位不得有人和障碍物，确认现场无误后，再操作设备		
4	注意力不集中误操作		集中精力，按标准程序操作		
5	横过铁路未注意来往车辆		横过铁路一站、二看、三通过		
6	验收作业时，随意在车帮上行走		验收作业时，严禁在车帮上行走		
7	处理设备故障未停电、进车口未打红灯		按规定办理设备停送电手续，进车口打红灯，做好确认		
8	非岗位人员操作翻车机		未经培训合格和上级批准，禁止操作翻车机		
9	现场照明亮度差，走道杂乱，油污、水渍造成滑跌		确保现场照明完好，地面无杂物，油污、水渍及时清理，佩戴电筒或头灯		
10	现场粉尘较大		按要求使用除尘设施，戴好防尘口罩，操作室门窗关闭严实		
11	安全设施不齐全		发现缺陷及时联系处理，故障情况下制定安全作业措施		
12	压车、靠车装置缺陷		压车、靠车装置完好、灵敏		
13	矿槽算板磨损或缺失		矿槽算板齐全完好，牢固		
14	油管缺陷		油管无破损，接头无漏油		

翻车机危害因素分析鱼刺图见图5-9。

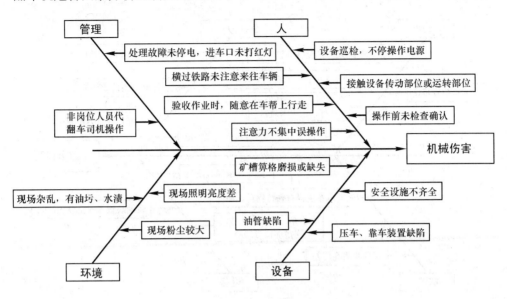

图5-9 翻车机危害因素分析鱼刺图

H 桥式抓斗吊车 （表5-13）

表5-13 桥式抓斗吊车危害辨识表

危险控制点名称	桥式抓斗吊车	级别：C	编号：
主要危险物质或能量	机械能、电、势能		
事故类别	起重伤害、触电、高空坠落	所在车间	

序 号	危 险 因 素	控制措施内容
1	无特种作业操作证人员操作	持特种作业操作证人员上岗操作
2	接触设备传动部位	禁止身体任何部位与传动部位设备接触
3	注意力不集中，误操作	集中精力，按标准程序操作
4	动车未响铃、大车反接制动	动车需响铃，禁止大车反接制动
5	设备操作完未停电	操作完毕后，将吊车开至停车平台，各控制器回零位，切断电源开关
6	处理设备故障未办理设备登记手续	按规定办理设备登记手续
7	处理设备故障未挂警示红灯，未安装夹轨器	处理设备故障时，挂警示红灯，安装夹轨器
8	操作前未检查确认	操作前检查确认相关部位不得有人及障碍物
9	现场照明亮度差，大小车走台有颗粒物料、油泥造成滑跌	确保现场照明完好，大小车走台颗粒物料、油泥及时清理，佩戴电筒或头灯
10	现场粉尘较大	按要求戴好防尘口罩、操作室门窗关闭严实
11	联锁装置等安全设施不齐全	发现缺陷及时联系处理，故障情况下制定安全作业措施
13	抓斗、钢绳有缺陷	抓斗不开焊，各轴不窜动；钢绳起刺不严重，滑轮灵活
14	大小车、抓斗卷扬传动连接部位有缺陷	各传动连接部位紧固可靠

桥式抓斗吊车危害因素分析鱼刺图见图5-10。

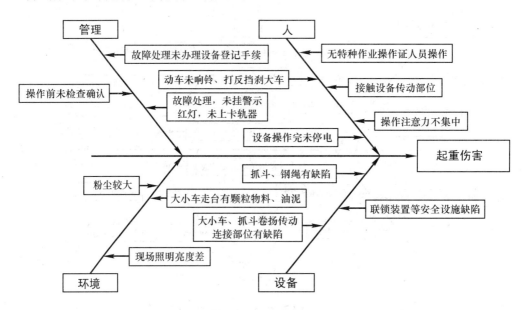

图5-10　桥式抓斗吊车危害因素分析鱼刺图

I　锤式破碎机（表5-14）

表5-14　锤式破碎机危害辨识表

危险控制点名称	锤式破碎机		级别：C		编号：
主要危险物质或能量	机械、噪声				
事故类别	机械伤害		所在车间		

序　号	危　险　因　素	控制措施内容
1	人员精神状态差，未安全交底	确认人员精神状态，落实安全交底
2	劳保用品穿戴不规范	按规定规范穿戴劳保用品
3	无特种作业证人员操作特种设备，在起重吊物下行走或停留	持特种作业证人员操作，禁止在起重吊物下行走或停留
4	接触设备传动部位或运转部位	禁止接触设备传动部位或运转部位
5	设备、安全设施、工具、附件有缺陷，未及时发现或故障情况下操作不当	发现缺陷及时联系处理，故障情况下制定安全作业措施
6	作业前相关设备未停电	按规定办理相关设备停送电手续
7	处理故障单人作业	按安全操作规程（安全作业指导书）规定操作，落实联保互保制度，两人以上作业
8	锤头未停稳调整锤头间隙	锤头必须确认停稳后方可调整锤头间隙
9	现场照明亮度不够，行走通道有颗粒物料易造成滑跌	确保现场照明完好，中夜班带电筒或头灯，遵守现场行走确认制，及时清除通道颗粒物料
10	料门、人孔门未关	关闭料门、人孔门
11	直接用手清理电磁铁吸附杂物	先停胶带机，再停磁铁电源，戴手套取杂物

锤式破碎机危害因素分析鱼刺图如图 5-11 所示。

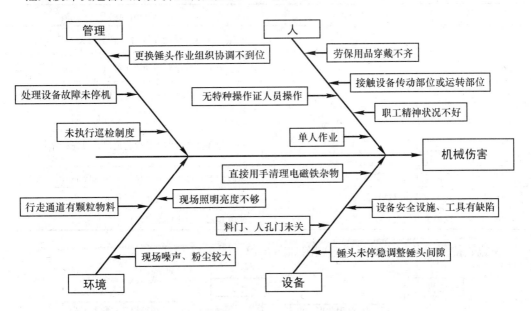

图 5-11 锤式破碎机危害因素分析鱼刺图

J 脱硫氨稀释器（表 5-15）

表 5-15 脱硫氨稀释器危害辨识表

危险控制点名称	脱硫氨稀释器	级别：C	编号：
主要危险物质或能量	液氨、氨水		
事故类别	中毒、容器爆炸、灼烫	所在车间	

序 号	危 险 因 素	控制措施内容
1	人员精神状态差，未安全交底，现场无负责人带班	确认人员精神状态，落实安全交底及领导带班
2	劳保、防护用品穿戴不规范	按规定规范穿戴劳保、防护用品，安装氨报警器
3	设备、安全设施、工具、附件有缺陷，未及时发现或故障情况下操作不当	发现缺陷及时联系处理，故障情况下制定安全作业措施
4	岗位人员无特种作业操作证	岗位人员培训取得特种作业操作证
5	作业前相关设备未停电	按规定办理相关设备停送电手续
6	违章操作，联保互保不到位，处理故障单人作业	按安全操作规程（安全作业指导书）规定操作，落实联保互保制度，两人以上作业
7	各类阀门、仪表、鹤管、设备等装置有隐患	定期检查校验各类阀门、仪表、鹤管，对氨稀释器本体按要求定期检查
8	罐车内液氨或阀门管道泄漏	卸液氨时，现场配备防护用品和应急物资，汽车发动机熄火，专人操作
9	卸液氨时，作业人员靠近危险阀门	在危险阀门处作业保持安全距离
10	启动设备前未检查确认	现场确认无误后，中控操作员启动设备

序　号	危 险 因 素	控制措施内容
11	卸液氨场内明火作业	卸氨时封道，封道区域内，禁止无关人员进入，禁止动火作业及可能产生火花、火星的作业；氨稀释器区域内禁止吸烟，检修办理动火手续（不卸液氨时）
12	氨水槽炸裂	卸氨作业时保持安全距离，检查仪表、程序及操作过程
13	氨水箱、塔内、管道内液体未冲洗排空进行检修作业	确认冲洗排空再作业，保持通风，检查氧含量
14	直接接触液氨、氨水，致冻伤、灼伤	戴防护手套、防护服，使用专用液体器皿
15	交叉作业同时进行	专人协调、监护，禁止同时作业
16	现场噪声较大、温度高	佩戴耳塞，禁止接触高温区域

脱硫氨稀释器危害因素分析鱼刺图如图 5-12、图 5-13 所示。

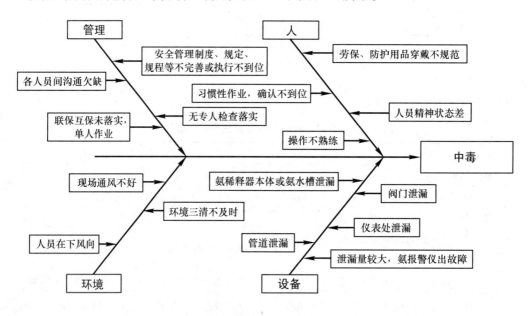

图 5-12　脱硫氨稀释器危害因素分析鱼刺图（一）

5.2.3.4　危险源的日常检查

危险源所在单位各级人员按要求对危险源点进行检查，当班人员对本班组管理区域内各级危险源的安全状态的控制措施落实情况进行检查，每 8 小时检查 3 次，并如实做好记录，对存在的问题要及时汇报。

厂级、车间（部门）级安全责任人按照各自职责，对所负责的危险源按规定的周期到现场进行检查，检查情况要记录并签字。其中，车间主任、安全员每周对本车间的 A、B、C 级危险源至少检查一次，厂主管职能部门对本部门主管的 A、B 级危险源至少检查一次，厂领导每月对本单位重大危险源及 A、B 级危险源至少检查一次。

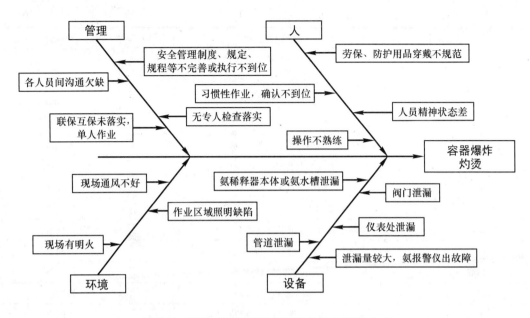

图 5-13 脱硫氨稀释器危害因素分析鱼刺图（二）

5.3 危险作业管理

危险作业是指作业过程中可能造成人身伤害事故或财产损失的、具有较大风险和需采取安全技术和管理措施才能进行的作业活动。

在受限空间实施的作业活动称为受限空间作业。受限空间作业也归属于危险作业范畴。烧结厂的受限空间包括物料矿槽、混合机、大烟道、环冷烟道、除尘器等封闭或半封闭的设备设施内部区域。

5.3.1 烧结厂危险作业项目

按照危险作业的定义，对烧结厂各项生产检修作业活动进行作业风险评价，确定了 20 项危险作业，并根据各项危险作业危险程度和可能造成的伤害大小，将危险作业进一步划分为厂级和车间级，实行分级控制管理。其中厂级危险作业 5 项，车间级危险作业 15 项，如表 5-16 所示。

表 5-16　烧结厂危险作业汇总

序　号	危险作业名称	级　别
1	煤气管道检修作业	厂级
2	烧结机单辊吊装作业	厂级
3	电除尘器极板极线整体吊装作业	厂级
4	1500 米以上超长胶带进出作业	厂级
5	脱硫事故浆液罐罐内作业	厂级
6	烧结车间挖混合机筒体内壁黏结料作业	车间级
7	烧结车间挖配料矿槽黏结料作业	车间级

序　号	危险作业名称	级　别
8	烧结车间挖混合料小矿槽黏结料作业	车间级
9	烧结车间清理大烟道、环冷烟道积料和杂物作业	车间级
10	烧结车间检修时排整炉算条作业	车间级
11	更换高空、斜坡架空胶带作业	车间级
12	更换高空通廊算条、算板、胶带托轮作业	车间级
13	进入除尘器内故障处理作业	车间级
14	烧结机点火炉烘炉作业	车间级
15	烧结机台车（20 块以上）吊装作业	车间级
16	高空除尘管道（5 米以上直径 1 米）清灰作业	车间级
17	高压室联络倒闸作业	车间级
18	高压柜母线检修作业	车间级
19	翻车机钢绳更换	车间级
20	翻车机板式漏斗内积料清除作业	车间级

5.3.2　危险作业对策措施

通过组织专业评审组对各项危险作业进行危害因素辨识、评估，针对每一项危害因素制定对策措施，形成《危险（受限空间）作业安全对策措施表》，并在作业条件、环境发生变化时，对危险作业中的危害因素及安全对策措施进行补充完善。

表 5-17 是某厂厂级危险作业项目对策措施表。

表 5-17　某厂厂级危险作业项目对策措施表

危险作业名称		级　别	
事故类别		所在单位	
序　号	主要危险因素	控制措施内容	
1			
2			
3			
4			
5			
6			
7			
8			
9			
10			

5.3.3 危险作业过程管理

5.3.3.1 制定作业方案

危险作业应由作业项目负责人制定作业方案。作业方案应紧密结合作业目的和任务进行编制，一般应包含以下内容：

（1）作业目的、工作任务（内容）、工作地点、工作时间。

（2）作业现场负责人、作业人数、协调联系方式。

（3）作业要求条件。

（4）危险因素、安全保障措施及应急措施。

5.3.3.2 作业申请和审批

危险作业项目负责人填写《危险作业申请表》一式三份，向车间或上级部门提出作业申请。危险作业实行分级审批，厂级危险作业由厂主管领导审批，车间级危险作业由车间主任审批。主要对作业方案和《危险作业申请表》中的对策措施进行审核并签字确认。表5-18是某厂厂级危险作业申请表。

表 5-18 某厂厂级危险作业申请表

申请单位（盖章）： 申请时间： 年 月 日

危险作业项目	煤气管道检修		作业时间	
作业地点			危险级别	厂级
作业简要内容				
序 号	主要危险因素		对策措施	责任人
1				
2				
3				
4				
5				
6				
7				
8				
9				
10				
现场负责人			安全员	

申请单位负责人： 审批负责人：

通过审批的申请表，申请单位、审批单位、作业现场负责人应各留存一份。

因生产设备临时抢修等紧急情况不能履行审批手续时，应向上级主管领导请示并得到同意，方可简化危险作业审批手续，但必须指定专人负责安全工作，强化联保互保，严格落实各项安全对策措施，并在作业完成后补办审批手续。

5.3.3.3　作业安全交底

实施作业前,作业负责人向作业人员进行作业内容和安全技术交底,并指派作业监护人。作业人员和作业监护人必须清楚可能存在的危害、安全措施、应急措施等。

5.3.3.4　作业过程监管

危险作业实施过程中,与危险作业级别相对应的主管领导必须到作业现场带班,督促各项安全对策措施的落实,并填写《危险作业过程管理安全确认表》。各级安全专业管理人员对危险作业实施情况进行督查,对不符合危险作业管理规范要求的,及时提出整改或责令停止作业并按照安全管理考核办法进行考核。表5-19是某厂厂级危险作业过程管理安全确认表。

表5-19　某厂厂级危险作业过程管理安全确认表

实施单位(盖章):

危险作业名称		级别	厂级
事故模式			
造成人身安全事故的主要原因			
序　号	安全对策措施		确认人
1			
2			
3			
4			
5			
6			
7			
8			
作业时间		带班领导	

5.3.4　烧结厂厂级危险作业方案及管理

5.3.4.1　煤气管道检修作业

A　煤气管道检修作业方案(表5-20)

表5-20　煤气管道检修作业方案

编制人:　　　　　　　审核人:　　　　　　　　　审批人:

一、作业基本情况

危险作业项目	煤气管道检修	级别	厂级
作业地点			
计划作业时间	年　月　日　时—— 年　月　日　时		
作业内容	1. 煤气主管高压水射流清洗; 2. 煤气管道更换		

危险作业项目	煤气管道检修	级别	厂级
作业节点	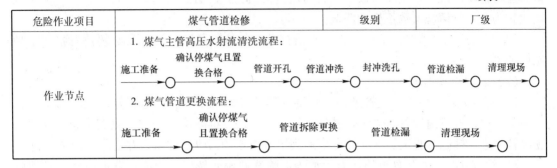		

二、作业前的准备

（1）人员及安全防护器具准备

1）现场负责人职责：对现场检修安全负全责，负责组织检修项目确认与落实；负责检修安全技术方案的组织和实施，并保证检修保质、安全、按期完成；督促作业人员遵守执行安全规章制度，制止职工违章作业；督促现场文明施工发现问题及时处理。

2）安全监护人职责：负责联保互保的落实，对检修人员的人身安全进行监护；督促作业人员规范操作；及时制止检修现场的违章行为，消除物的不安全状态，确保检修安全。

（2）安全防护器具要求

1）安全帽：完好，无破损。

2）安全带：完好，无断股。

3）CO 报警仪：完好，在校验有效期内。

4）灭火器：完好，在检验有效期内。

三、现场作业环境及其他要求

（1）作业现场做好路边、立体交叉作业等危险区域施工安全防护措施。

（2）作业现场做好管道冲洗车辆占位布置，准备充足的检修电源，施工水源。

（3）安全工作交底：开好班前会，明确作业内容，做好危险辨识，确定安全互保对子，进行安全交底。

（4）进场前，作业单位到甲方相关部门办理安全交底，涉及动火时要办理动火证。

四、作业程序及要求

（1）煤气管道冲洗施工

1）开冲洗孔。在施工前组织作业人员勘查现场，熟悉施工环境，确定开孔部位，制定污水回收方案，并做好安全交底工作；确认管道内煤气置换合格，具备动火条件，动火票办理好后，开始施工。现场需准备好充足的灭火器和消防水源，清除动火点地面易燃物，并安排专人看火；管道开孔时必须带氮气进行动火切割。开孔次序是逆向氮气来源，反方向开孔，开完孔确认管道内无火星后关闭氮气源；开孔部位根据高压水射流冲洗机的性能及管道布局，在管道拐弯处底部动火切割冲洗孔。在管道开孔位置采用活动脚手架搭设施工作业平台，搭设的平台必须稳固，要有足够的操作面及安全防护栏。

2）管道冲洗。将管道清扫施工水源接至作业现场，所用水源供水点不小于 DN25，压力不小于 0.3MPa；管道清洗从甲方指定点开始，先接通水源，把清洗用的高压管放入管道内，启动高压水射流清洗机将压力逐步加至 60MPa 时开始清洗。清洗时高压管在管道内来回进行拖拉清洗，直到所有被清洗管道内壁无结垢，能看到管壁，所排污水不含泥浆或块状物为止，且清洗次数不少于两遍。

3）封清扫孔。待管道清洗合格，封清扫孔。封清扫孔的焊接人员必须持有特殊工种操作证书。

（2）管道更换施工

1）管道拆除。由于煤气管道内有焦油、萘等易燃沉积物，管道拆除动火时为防止管道内部着火，旧管道拆除时必须带氮气进行动火切割。拆除次序是逆向氮气来源，反方向逐段管道进行拆除。管道拆除完毕分解运到甲方指定的回收堆放点，并清除地面杂物。

2）管道安装。安装管道前，对管道表面除锈并刷防锈漆、面漆；管道吊装时必须由经过培训并取得合格证的专业人员进行指挥，指挥人员指令必须清晰明确；焊接人员必须持有特殊工种操作证书。

（3）管道检漏

1）检漏前准备好氮气或蒸汽气源，检漏用肥皂水、刷子。

2）所有检修施工完毕后，在甲方项目负责人的统一指挥下，从氮气吹扫点向管道内通入氮气或蒸汽，并关闭煤气管道所有放散阀，对煤气管道所有检修焊缝及法兰连接点用肥皂水进行检漏。

3）当所有检修焊缝及法兰连接点检查无泄漏后，检漏工作完成。

五、作业实施过程的危害因素、安全措施及突发事故应急措施

（1）作业实施过程的危害因素、安全措施如表 5-21 所示。

表 5-21　危害因素、安全措施对策表

实施步骤	危险因素	安全措施
作业前	作业人员的身体状况及安全意识、精神状态不好	班前会对作业人员的精神状态和身体状况进行确认，如精神状态或身体状况不佳，不安排作业工作
	特种作业人员未取证上岗	加强技能培训，特种作业人员必须持有效的特殊作业操作证才能上岗
	未穿劳动保护用品或劳动保护用品使用不规范	严格按"两穿一戴"进行着装
作业中	未办理工作许可手续，作业人员即进入作业现场做准备工作	作业负责人在作业前必须办理许可手续后，方可带领作业人员进入作业现场
	登高作业和非正常方式上下，引起伤害。未戴安全帽，未挂安全带	进入 2 米以上高处作业，必须佩戴安全带，并拴在牢固的构件上，不得低挂高用
	未经检查确认进入煤气区域作业，引起人员煤气中毒	1. 煤气区域施工中严禁单人作业，必须确立互保对子； 2. 施工现场人员必须佩戴 CO 报警器，对施工区域 CO 进行检查，当 CO 含量超过规定时，严禁作业
	未按规定进行煤气管道检修作业，发生着火和爆炸	1. 检修作业前，严格按规定办理相关动火手续； 2. 煤气管道检修前必须要确认煤气已有效切断，内部煤气已进行置换处理，并连续三次爆发试验合格，确认管道内无残余煤气； 3. 焦炉煤气管道动火时，管道内必须带氮气进行，防止管道内焦油、萘等沉积物燃烧

实施步骤	危 险 因 素	安 全 措 施
作业中	电焊作业人员不规范操作引起触电	按照安全规定用电，使用合格的配电箱、闸刀箱及线路
	管道冲洗操作人员非正常作业，引起高压水流射伤	1. 作业人员要穿戴好防护用品，严禁单人作业； 2. 喷头在升压前应伸进被冲洗的管件内足够长度，喷头从管件内退出前系统必须卸压； 3. 紧固与调节对接固件和连接件，更换喷头，必须在设备卸压停机后进行，严禁在设备工作过程中操作； 4. 高压软管等设备严禁超过额定工作压力作业，施工区域拉警示带，严禁无关人员进入作业区
	物件起吊和放置过程中砸、撞伤作业人员，撞坏附近建构物	1. 由专人指挥，指挥方向明确、准确； 2. 作业区域拉安全警示绳，非作业人员严禁入内，作业人员不得站在起吊重物的下面和重物移动的前方
	动火作业不规范、现场吸烟，发生火灾和人员灼伤	1. 动火前按规定办理动火票，动火现场按要求配置灭火器材； 2. 氧气瓶、乙炔瓶使用应放置平稳，其最小安全距离不得小于 10 米，使用乙炔瓶必须装有减压阀和回火防止器； 3. 煤气区域内严禁吸烟； 4. 动火前清除动火点周围易燃物，不能清除的采用挡火板隔离，防止焊渣将易燃物引燃； 5. 动火现场安排专人看火； 6. 当天作业完，必须检查确认作业现场无火险隐患，作业人员方可离场
作业后	作业完工后，未组织验收，没有对检修的设备进行检查	1. 作业完工后，组织相关人员进行验收； 2. 作业单位首先自检，甲方负责人在送气前要进行复查
	未三清退场	检修作业完成后三清退场

（2）突发事故应急措施。

各种突发事故的应急处置措施：

1）触电。发生了触电事故，立即通知拉闸断电，如不能及时断电可用干燥的木棒、竹杆等将电线拨开，切忌用手直接拉碰触电者本人，尽快使伤员脱离电源；若伤者心跳停止，立即进行人工呼吸和心肺复苏。抢救的同时，派人向上级报告，派医生现场指导抢救，并送往医院治疗。

2）高空坠落。发生意外时，项目负责人立即组织施救，并送往医院治疗。

3）起重伤害。立即停止起重吊装作业，将伤员移至安全地点，在现场对伤员进行简单止血、包扎、固定，同时向上级汇报及时转送医院就治。

4）煤气中毒。发现有人煤气中毒，应立即把中毒人员转移到通风良好、空气新鲜的地方，给病人松衣解扣，清除病人口鼻分泌物，并立即拨打急救电话 120，等待医生的到来；如果发现呼吸停止，应立即进行口对口人工呼吸，并且做心脏按压。

六、作业实施过程的检查与确认

作业实施过程的检查与确认如表 5-22 所示。

表 5-22　作业实施过程的检查与确认表

实施过程	检查与确认的内容	确认人
作业前	一、作业前对作业人员、工机具、现场环境进行确认： 1. 作业人员齐备，具备相应工种技能并持证上岗，符合本方案人员准备的要求； 2. 工机具齐备、完好，符合本方案工机具准备要求； 3. 作业环境良好，符合本方案现场作业环境要求	
	二、上场作业前，作业人员明确作业内容及安全对策措施，进行了安全交底	
	三、对本项目作业《危险作业安全对策措施确认表》在作业前需要确认的安全对策措施进行确认： 1. 班前会对作业人员的精神状态和身体状况进行确认，如精神状态和身体状况不佳，不安排作业工作； 2. 加强技能培训，特种作业人员必须持有效的特殊作业操作证才能上岗； 3. 严格按"两穿一戴"进行着装	
作业中	一、带班领导	
	二、对本项目作业《危险作业安全对策措施确认表》在作业过程中需要确认的安全对策措施进行确认： 1. 作业负责人在作业前必须办理许可手续后，方可带领作业人员进入作业现场； 2. 进入 2 米以上高处作业，必须佩戴安全带，并拴在牢固的构件上，不得低挂高用	
	1. 煤气区域施工中严禁单人作业，必须确立互保对子； 2. 施工现场人员必须佩戴 CO 报警器，对施工区域 CO 进行检查，当 CO 含量超过规定时，严禁作业	
	1. 检修作业前，严格按规定办理相关动火手续； 2. 煤气管道检修前必须要确认煤气已有效切断，内部煤气已进行置换处理，并经连续三次爆发试验合格，确认管道内无残余煤气； 3. 焦炉煤气管道动火时，管道内必须带氮气进行，防止管道内焦油、萘等沉积物燃烧	
	按照安全规定用电，使用合格的配电箱、闸刀箱及线路	
	1. 作业人员要穿戴好防护用品，严禁单人作业； 2. 喷头在升压前应伸进被冲洗的管件内足够长度，喷头从管件内退出前系统必须卸压； 3. 紧固与调节对接固件和连接件，更换喷头，必须在设备卸压停机后进行，严禁在设备工作过程中操作； 4. 高压软管等设备严禁超过额定工作压力作业，施工区域拉警示带，严禁无关人员进入作业区	
	1. 由专人指挥，指挥方向明确、准确； 2. 作业区域拉安全警示绳，非作业人员严禁入内，作业人员不得站在起吊重物的下面和重物移动的前方	
	1. 动火前按规定办理动火票，动火现场按要求配置灭火器材； 2. 氧气瓶、乙炔瓶使用应放置平稳，其最小安全距离不得小于 10 米，使用乙炔瓶必须装有减压阀和回火防止器； 3. 煤气区域内严禁吸烟； 4. 动火前清除动火点周围易燃物，不能清除的采用挡火板隔离，防止焊渣将易燃物引燃； 5. 动火现场安排专人看火； 6. 当天作业完，必须检查确认作业现场无火险隐患，作业人员方可离场	

实施过程	检查与确认的内容	确认人
作业后	一、对本项目作业《危险作业安全对策措施确认表》在作业后需要确认的安全对策措施进行确认： 　1. 作业完工后，组织相关人员进行验收； 　2. 作业单位首先自检，甲方负责人在送气前要进行复查； 　3. 检修作业完成后三清退场	
	二、作业完毕现场安全设备、设施、环境的确认： 　1. 所有工具、材料、备件是否清理回收； 　2. 现场废旧设备和杂物是否清理归入指定回收点； 　3. 现场警戒线和警示牌是否清理回收	
	三、作业完毕试车的安全确认： 　1. 排水器已按要求加满水； 　2. 管道上的试验头、排气头已关闭； 　3. 其他设备是否检修完毕，是否具备试车条件	

B　煤气管道检修作业申请审批表（表 5-23）

表 5-23　厂级危险作业申请审批表

申请单位（盖章）：　　　　　　　　　　　　　　申请时间：　　　年　　月　　日

危险作业项目	煤气管道检修	作业时间	
作业地点		级　别	
作业简要内容			

采取的安全措施	责任人
1. 检修前技术部门组织召开安全上场会，制定具体安全措施，进行安全交底，并落实相关区域安全监护检查责任人	
2. 停风机前，高速抽风 30 分钟以上，大水封补至高水位并进行 N_2 置换后，在确认 CO 含量小于 5×10^{-6} 后，方能停机	
3. 确认 U 形水封补水至高位并溢流后，开启水封后管道煤气放散阀，并通入 N_2 进行置换，在确认置换合格（CO 含量低于 5×10^{-6}）后，由燃气厂堵盲板	
4. 关闭 N_2，用压空置换 N_2 至合格（O_2 含量大于 19.5%，CO 含量小于 5×10^{-6}），排尽大水封余水后，方能打开人孔门	
5. 原则上大水封清灰作业时人站在人孔门外平台上用水进行冲洗，确需进入水封内作业，必须携带 O_2 检测仪及 CO 报警仪，系安全绳，并有专人监护，连续作业时间不得大于 20 分钟	
6. 清灰人员若发生意外情况，抢救人员必须佩戴呼吸器，采取可靠的安全防范措施后，方能进行施救	

可能出现的意外情况	应急救援措施	
煤气中毒	尽快将伤员抬离到通风良好的上风处；若伤者心跳停止，立即进行人工呼吸和心肺复苏。抢救的同时，派人向上级报告，派医生现场指导抢救，并送往医院治疗。拨打"112"急救中心	
窒　息	立即进行人工呼吸和心肺复苏。抢救的同时，派人向上级报告，派医生现场指导抢救，并送往医院治疗。拨打"112"急救中心	
现场负责人		安全员

车间负责人：　　　　　厂级主管部门负责人：　　　　　厂级主管领导：

C　煤气管道检修作业安全对策措施确认表（表5-24）

表5-24　危险作业安全对策措施确认表

填报单位（盖章）：

危险作业名称	煤气管道检修		级别	厂级
事故模式	煤气爆炸、中毒			
造成人身安全事故的主要原因	1. 未经爆发试验、管道内有残余煤气易爆炸伤人； 2. 未用煤气检测仪进行检测，残余废气吸入易中毒			
主要危害因素	安全对策措施			确认人
未指派专人负责现场作业的安全	制定危险作业实施方案，做好统一指挥及安全监护管理			
停送煤气（封解水封）未听从调度指挥和办理停送气手续，误操作伤人	停送煤气必须听从调度指挥，办理停送气手续，要携带煤气呼吸器和煤气报警仪，两人监护，严禁无牌操作，作业区域设置警戒区			
烧结机停煤气时，未按程序操作停气、关闭阀门和挂"管道有人检修，禁止开启阀门"的警示牌，煤气伤人	烧结机停煤气时，需关火，关闭烧嘴阀门，关闭总阀并挂"管道有人检修，严禁开启阀门"的警示牌			
残余废气吸入易中毒	停煤气后需对管道进行吹扫，作业前必须确认管道吹扫合格，人要站在上风位置，防止煤气中毒			
煤气管道动火，未办理动火手续，管道内有残余煤气易爆炸伤人	煤气管道动火，要办理动火手续，现场准备好灭火器材。动火前必须向管道内输送蒸气或氮气，做煤气窒息试验三次，合格后方可动火。作业人员持证上岗			
场地狭窄，作业人员站位不当易砸挤伤人	场地狭窄，必须加强自我防护，人员站位要安全可靠			
高空作业易坠落，跌落伤人	高空作业必须配挂安全带，搭设作业平台，架梯有专人扶持			
管道检修质量不合格，发生煤气泄漏	管道检修（更换）后，进行试压、测漏、吹扫，确认无误后方可送煤气			
主管道停煤气后需要送气，未经爆发试验易爆炸伤人	停煤气后需要送气，必须做爆发试验，保证连续三次合格			
主管道送煤气时，主管道沿线动火，易爆炸伤人	主管道送煤气时，主管道沿线20米区域内严禁动火			
应急设施装备物资	灭火器材完好，在检验有效期内			
	CO报警器、空气呼吸器完好、有效			
备　注				
现场负责人		安全员		

车间负责人：　　　　　厂级主管部门负责人：　　　　　厂级带班（主管）领导：

5.3.4.2 烧结机单辊吊装作业

A 烧结机单辊吊装作业方案（表5-25）

表 5-25 烧结机单辊吊装作业方案

编制人： 审核人： 审批人：

一、作业基本情况

危险作业项目	烧结机单辊吊装作业	级别	厂级
作业地点	烧结机机尾		
计划作业时间	年 月 日 时～ 年 月 日 时		
作业内容	烧结机机尾单辊更换		
作业节点	准备 → 轴承座螺栓拆除，旋转接头拆除2.5h → 大罩及两侧墙板拆除1.5h → 单辊齿轮箱上盖拆除1h → 旧单辊拆除2h → 新单辊辊轴安装及螺栓恢复3h → 单辊间隙调整及找正2h → 齿轮箱上盖及旋转接头安装1h → 两侧墙板及机尾大罩恢复1.5h → 调试试车0.5h		

二、作业前的准备

（1）人员准备

1）现场负责人的职责：对现场检修安全负全责，负责组织检修确认；负责检修安全技术方案的组织和实施，并保证检修按期完成；督促作业人员遵守执行安全规章制度，制止职工违章作业。

2）现场负责人的要求：熟悉现场安装流程、具有很高组织能力。

3）安全监护人的职责：负责联保互保的落实，对检修人员的人身安全进行监护；督促作业人员规范操作；及时制止检修现场的违章行为，消除物的不安全状态，确保检修安全。

4）安全监护人的要求：施工现场全程监管。

（2）安全防护器具要求

1）两穿一戴：符合规定的劳保用品。

2）安全带：严格按安全施工要求佩挂。

3）警示带：吊装孔零米处必须拉好警示带。

三、现场作业环境及其他要求

（1）作业场地道路畅通，无杂物。

（2）安排好储油容器、大型机具、拆卸附件的放置地点和消防器材的合理布置等。

（3）物质准备：提前安排专人负责检修备件的准备确认工作。

（4）安全工作交底：开好班前会，明确作业内容及安全互保对子，进行安全交底。

（5）进场前，作业单位要到相关部门办理安全交底，并制定安全专项方案，涉及动火时要办理动火证。

四、作业程序及要求

（1）作业项目准备

1）根据施工项目分配到班组，班组接受任务后组织班员熟悉具体工事工序、作业方法、施工中的安全注意事项及具体安全应对措施。

2）生产经理在施工前组织参与项目的班长及骨干人员对现场进行了解。

3）工机具和设备准备。起吊用60T行车，开工前必须对行车进行全面检查维保。根据单辊自重及现场作业条件选用合适的吊装钢绳。

4）准备好现场安全围绳，灭火器，并根据现场实际情况准备其他所需材料及工机具。

5）上场前班长要对班组上场作业人员身体及精神状况进行了解落实，若有不适及其他特殊情况及时上报工长，重新进行人员安排。上场前落实各班员的具体职责分工，落实好联保互保对子准确到位。

（2）作业条件准备

1）在施工区域拉围安全警示带。

2）工机具和设备进场就位。

3）疏通设备进入现场的道路及清理障碍物。

（3）作业

1）机尾防尘罩单辊上侧门拆卸。在各项准备工作完全做好的情况下，就开始组织设备进场，拆卸机尾防尘罩单辊上侧门。高空作业时，必须佩挂安全带，并有专人监护。

2）拆卸单辊轴承座地脚、斜口挡铁、齿轮罩。

3）吊装单辊准备。按照起重工艺规程计算选用合适的吊装钢绳一对，并计算天车起吊到上限位高度，选用合适钢绳长度。单辊吊装前先仔细检查钢绳的完好情况，并对吊车抱闸进行检查和试吊，并配上风绳掌控单辊旋转方向。

4）吊装单辊。吊装前确认吊具、吊索的安全可靠性，重心、吊点计算准确，专人指挥吊装，吊装孔下方拉设警戒绳，专人监护。

5）回装按以上步骤反向执行。

6）验收标准

纵横向中心线允许偏差1.0mm；

主轴承座标高允许偏差±0.5mm；

水平度允许偏差0.05/1000；

两轴承座高低差0.2mm；

单辊大齿轮与传动装置小齿轮间隙为12～13mm；

单辊被动端轴承间隙调整：内15mm，外25mm。

五、作业实施过程的危害因素、安全措施及突发事故应急措施

（1）作业实施过程的危害因素、安全措施（表5-26）

表 5-26　作业实施过程的危害因素、安全措施

实施步骤	危 险 因 素	安 全 措 施
作业前	作业人员的身体状况及安全意识、精神状态不好	班前会对作业人员的精神状态和身体状况进行确认，如精神状态和身体状况不佳，不安排作业工作
	检修人员安全技能不熟练	加强技能培训，安排有相关工作经验的人员参加检修
	未穿劳动保护用品或劳动保护用品使用不规范	严格按"两穿一戴"进行着装
	作业任务不清	作业负责人在作业前将人员的任务分工、危险点及其控制措施进行详细交底
	作业现场情况核查不全面、不准确	1. 作业负责人下达任务前，必须勘查现场，查明可能出现的不利因素； 2. 作业负责人、吊车司机必须在施工前到现场，对现场的吊装部位、大型施工器械的行走线路和工作位置以及对施工构成障碍的物体核查清楚，查明作业中的不安全因素； 3. 对设备缺陷的处理工作必须在工作前将缺陷发生的原因、处理方式、现场条件、作业中的安全注意事项核查清楚
作业中	无停、送电操作	必须落实好停、送电制度
	未办理上场手续，作业负责人在作业前不认真检查作业现场安全措施	作业负责人在作业前必须办理上场手续后，会同配合人员检查现场所做的安全措施正确完备后，方可带领作业人员进入作业现场
	1. 登高作业和非正常方式上下，引起伤害； 2. 未戴安全帽，未挂安全带	1. 进入 2 米以上高处作业，必须佩戴安全带，并拴在牢固的构件上，不得低挂高用，不得系在不牢靠的地方，作业人员衣着便利，穿防滑性能较好的工作鞋； 2. 禁止作业，加大对习惯性违章的考核力度
	电气焊作业不规范	工作时戴手套和正确使用工具
	吊车抱闸失效	吊装前检查抱闸无误后，先进行试吊确认
	物件起吊和放置过程中砸、撞伤作业人员	1. 由专人指挥，指挥方向明确、准确； 2. 工作人员不得站在吊臂和重物的下面和重物移动的前方； 3. 控制起吊和转动速度，保证起吊和平稳； 4. 钢丝绳荷重，需保证其安全系数，不得超载使用
	吊装作业，吊物捆扎不牢靠，操作不规范吊物坠落砸伤人	持证上岗，规范操作，严禁歪拉斜吊，必须有专人指挥
	吊装作业过程中吊物摆动挤撞伤人，高空吊物坠落伤人	作业区域设置警戒区，严禁单辊矿槽内有人作业，严禁在起重吊物下行走或停留
	电动工具外壳漏电，移动工具未切断电源	电动工具外壳必须可靠接地，移动工具必须切断电源
	动火作业不规范、现场吸烟，发生火灾和人员灼伤	1. 办理动火工作票，按要求配置灭火器材； 2. 氧气瓶、乙炔瓶使用应放置平稳，其最小安全距离不得小于 10 米，使用乙炔瓶必须装有减压阀和回火防止器； 3. 气瓶旁严禁吸烟； 4. 增加保护措施，防止焊渣将废布引燃； 5. 废布集中存放，统一处理

实施步骤	危 险 因 素	安 全 措 施
作业后	在办理工作票终结手续后，发现还有任务未完成或有遗留物品继续工作（无票工作）	1. 在办理工作票终结手续前，对作业内容、工器具、人员进行清点，并做好记录； 2. 办理工作票终结手续后，作业人员严禁再触及设备； 3. 重新办理工作票，严禁无票工作
	办理工作票终结手续后，未组织验收，没有对检修的设备进行检查	1. 作业完工后，组织相关人员进行验收； 2. 作业单位首先自检，点检方送电前要进行复查

（2）作业实施过程的应急措施

1）触电。发生了触电事故，立即通知拉闸断电，如不能及时断电可用干燥的木棒、竹竿等将电线拨开，切忌用手直接拉碰触电者本人，尽快使伤员脱离电源；若伤者心跳停止，立即进行人工呼吸和心肺复苏。抢救的同时，派人向上级报告，派医生现场指导抢救，并送往医院治疗。

2）高空坠落。发生意外，项目负责人立即组织施救，并送往医院治疗。

3）起重伤害。立即停止起重吊装作业，将伤员移至安全地点，在现场对伤员进行简单止血、包扎、固定，同时向上级汇报，及时转送医院就治。

六、作业实施过程的检查与确认

作业实施过程的检查与确认如表 5-27 所示。

表 5-27　作业实施过程的检查与确认表

实施过程	检查与确认的内容	确认人
作业前	一、作业前对作业人员、工机具、现场环境进行确认： 　1. 作业人员应具备相应工种技能并持证上岗，符合本方案（二）人员准备的要求； 　2. 工机具齐备、完好，符合本方案（二）工机具准备要求； 　3. 作业环境良好，符合本方案（三）现场作业环境要求	
	二、作业上场前，作业人员明确作业内容及安全对策措施，进行了安全技术交底	
	三、对本项目作业《危险作业安全对策措施确认表》在作业前需要确认的安全对策措施进行确认： 　1. 班前会对作业人员的精神状态和身体状况进行确认，如精神状态和身体状况不佳，不安排作业工作； 　2. 加强技能培训，安排有相关工作经验的人员参加检修； 　3. 严格按"两穿一戴"进行着装	
	四、作业负责人在作业前将人员的任务分工、危险点及其控制措施进行详细的交底： 　1. 作业负责人下达任务前，必须勘查现场，查明可能出现的不利因素； 　2. 作业负责人、吊车司机必须在施工前到现场，对现场的带电部位、大型施工器械的行走线路和工作位置以及对施工构成障碍的物体核查清楚，查明作业中的不安全因素； 　3. 对设备缺陷的处理工作必须在工作前将缺陷发生的原因、处理方式、现场条件、作业中的安全注意事项核查清楚	

实施过程	检查与确认的内容	确认人
作业中	一、领导带班。	
	二、对本项目作业《危险作业安全对策措施确认表》在作业过程中需要确认的安全对策措施进行确认： 1. 必须落实好停、送电制度； 2. 作业负责人在作业前必须办理上场手续后，会同配合人员检查现场所做的安全措施正确完备后，方可带领作业人员进入作业现场； 3. 进入 2 米以上高处作业，必须佩戴安全带，并拴在牢固的构件上，不得低挂高用，不得系在支柱瓷瓶上；作业人员衣着便利，穿防滑性能较好的工作鞋； 4. 上下传递物品时严禁抛掷，地面人员不得在危险区域内逗留和通行	
	三、工作时戴手套和正确使用工具。 1. 工作时必须戴好手套，系好安全带； 2. 吊装作业，持证上岗，规范操作，严禁歪拉斜吊，必须有专人指挥。 1）由专人指挥，指挥方向明确、准确； 2）工作人员不得站在吊臂和重物的下面和重物移动的前方； 3）控制起吊和转动速度，保证起吊和平稳； 4）钢丝绳荷重，需保证其安全系数，不得超载使用； 5）作业区域设置警戒区，严禁单辊矿槽内有人作业，严禁在起重吊物下行走或停留	
	四、电动工具外壳必须可靠接地，移动工具必须切断电源。 1. 清除与试验工作无关的人员； 2. 设置安全栅栏，试验设备可靠接地。 1）办理动火工作票，按要求配置灭火器材； 2）氧气瓶、乙炔瓶使用应放置平稳，其最小安全距离不得小于 10 米，使用乙炔瓶必须装有减压阀和回火防止器； 3）氧气、乙炔旁严禁吸烟； 4）增加保护措施，防止焊渣将废布引燃； 5）废布集中存放，统一处理	
作业后	一、对本项目作业《危险作业安全对策措施确认表》在作业后需要确认的安全对策措施进行确认： 1. 作业完工后，组织相关人员进行验收； 2. 作业单位首先自检，点检方在送电前要进行复查	
	二、作业完毕现场安全设备、设施、环境的确认： 1. 所有工具、材料、备件是否清理回收； 2. 现场是否有遗留的物件和杂物； 3. 所有安全装置和安全门是否恢复正常； 4. 现场警戒线和警示牌是否清理回收	
	三、作业完毕后试车的安全确认： 1. 接地线是否拆除； 2. 当班作业人员是否到齐； 3. 其他设备是否检修完毕，是否具备试机条件	

B　烧结机单辊吊装作业申请审批表（表5-28）

表5-28　厂级危险作业申请审批表

申请单位（盖章）：　　　　　　　　　　　　　　申请时间：　　年　　月　　日

危险作业项目	烧结机单辊吊装作业		作业时间	
作业地点			级别	
作业简要内容				
采取的安全措施				责任人
1. 制定危险作业实施方案，做好统一指挥及安全监护管理				
2. 专人办理单辊及相关设备的停电手续				
3. 作业区域设置警戒区，严禁单辊矿槽内有人作业				
4. 持证上岗，规范操作，严禁歪拉斜吊，必须有专人指挥，严禁在起重吊物下行走或停留				
5. 高空作业时，必须佩挂安全带，并有专人监护				
6. 吊装前检查钢丝绳，无断丝、断股现象，符合安全使用要求				
7. 吊装前检查抱闸，并先进行试吊确认抱闸完好可靠				
8. 移动照明必须使用安全灯				
可能出现的意外情况	应急救援措施			
坠落物伤人	停止作业，立即救人并启动突发伤害事故应急预案			
挤撞伤人	停止作业，立即救人并启动突发伤害事故应急预案			
现场负责人			安全员	

车间负责人：　　　　　厂级主管部门负责人：　　　　　厂级主管领导：

C　烧结机单辊吊装作业安全对策措施确认表（表5-29）

表5-29　危险作业安全对策措施确认表

填报单位（盖章）：

危险作业名称	烧结机单辊吊装作业	级别	厂级
事故模式	坠落物伤人、吊物挤撞伤人		
造成人身安全事故的主要原因	物体捆扎不牢固，坠落伤人，吊物摆动挤撞伤人		

主要危害因素	安全对策措施	确认人
未指派专人负责现场作业的安全	制定危险作业实施方案，做好统一指挥及安全监护管理	
未办理设备的停电手续	专人办理单辊及相关设备的停电手续	
吊装作业过程中吊物摆动挤撞伤人	作业区域设置警戒区，严禁单辊矿槽内有人作业	
吊装作业，吊物捆扎不牢靠，操作不规范，高空吊物坠落砸伤人	持证上岗，规范操作，严禁歪拉斜吊，必须有专人指挥，严禁在起重吊物下行走或停留	
高空作业易坠落、跌落伤人，未佩挂安全带	高空作业时，必须佩挂安全带，并有专人监护	
吊装用钢丝绳不符合安全要求，发生断裂	吊装前检查钢丝绳，无断丝、断股现象，符合安全使用要求	

续表5-29

主要危害因素	安全对策措施	确认人
吊车抱闸失效，吊物坠落伤人	吊装前检查抱闸，并先进行试吊确认抱闸完好可靠	
未使用安全照明，触电伤人	移动照明必须使用安全灯	
应急设施装备物资		
备　注		
现场负责人	安全员	

车间负责人：　　　　　厂级主管部门负责人：　　　　厂级带班（主管）领导：

5.3.4.3　电除尘器极板极线整体吊装作业

A　电除尘器极板极线整体吊装作业方案（表5-30）

表5-30　电除尘器极板极线整体吊装作业方案

编制人：　　　　　　　审核人：　　　　　　　审批人：

一、作业基本情况

危险作业项目	电除尘器极板极线整体吊装	级别	厂级
作业地点			
计划作业时间	年　月　日　时～　年　月　日　时		
作业内容	电除尘器极板极线整体吊装		
作业节点	施工准备→顶盖拆除→大框架加固→极板极线拆除→其他检修→极板极线安装→极间距调整→其他检修→封顶盖→其他检修→完工		

二、作业前的准备

（1）人员准备

1）现场负责人：对现场检修安全负全责；负责检修安全技术方案的组织和实施，并保证检修按期完成；督促作业人员遵守执行安全规章制度，制止职工违章作业。

2）安全监护人：负责联保互保的落实，对检修人员的人身安全进行监护；督促作业人员规范操作；及时制止检修现场的违章行为，消除物的不安全状态，确保检修安全。

（2）安全防护器具要求

1）安全带：无断股，性能完好。

2）照明灯：低压照明，接线绝缘完好。

3）灭火器：检测合格，性能完好。

三、现场作业环境及其他要求

（1）现场有充足容量的检修电源。

（2）现场有足够的平面摆放吊车、放置构件、下放废钢，道路通畅。

（3）清理废钢的部门或单位及时清完地面废钢。

（4）技术交底、安全交底已经落实，构件已经就位。

（5）开工手续已经办妥。

四、作业程序及要求

（1）办理停电牌和操作证，停电、验电、挂接地线、挂停电牌，作业区域设置安全警界线或安全栅栏，并挂警示牌。

（2）再次确认高压停电情况，对阴极小框架进行接地。

（3）拆除前必须先安装阴极大框架的临时吊挂装置，用型钢上、下、左、右固定好阴极大框架，然后将吊挂螺栓的螺母拧松，不得使瓷瓶瓷柱受力。因多个电场同时施工作业，为避免在安装过程中损坏绝缘瓷瓶，待整个电场安装、调整完毕后，再依次安装绝缘瓷瓶、瓷柱。

（4）切除阳极排振打杆的两端振打砧，切除阴极小框架的勾头螺杆。

（5）揭开电除尘的顶盖，将顶盖废钢吊到地面清走。

（6）检查阳极排的腐蚀情况，如极板和振打杆尚好，则用钢丝绳绑住阳极排的 C 形梁，用风绳捆住极板排，一排一排吊出阳极排。如极板或振打杆已经腐蚀很严重，则应切下振打杆，切掉腐蚀极板再拆吊极板排，振打杆和腐蚀的极板单独吊出除尘器仓。

（7）极板排吊完后，用钢丝绳捆住若干排小框架吊出。

（8）仓内进行完壁板检修、灰斗检修、支撑检修后再进行极板极线回装。

（9）阴极小框架在施工前已经提前组装好，阳极排在仓内进行组装。

（10）用极板笼将极板吊入仓内，用移动小车配合组装极板排。装好一排极板就将其用移动小车推到仓的一端临时挂好，然后吊入一组小框架，再组装一排极板。如此循环，直至将一个仓内的极板极线全部吊装到位。

（11）在组装另一个仓的极板极线的同时，可以进行已完仓的极板极线的分仓工作。分仓用移动小车进行，将极板排和小框架按同极间距、异极间距的尺寸进行排布。

（12）分仓完成后，进行极板极线精调，使极板极线和振打位置符合技术要求。

（13）全部除尘器仓极板极线安装完成、精调完成后，进行仓内最后的检修检查，安装导流板、卡位板、勾头螺杆等附件。

（14）阴、阳极板极间距调整。

（15）拆除吊挂支座，安装好瓷瓶、瓷柱。

（16）恢复顶部盖板。

（17）试车。

（18）三清退场。

五、作业实施过程的危害因素、安全措施及突发事故的应急措施

（1）作业实施过程的危害因素、安全措施（表5-31）

表 5-31 作业实施过程的危害因素、安全措施

实施步骤	危 害 因 素	安 全 措 施
作业前	作业任务不清	作业负责人在作业前将人员的任务分工、危险点及其控制措施进行详细的交底
	作业人员技能不高	作业人员必须具有相关经验，取得相关证书
	作业人员身心状况不佳	班前会对作业人员的精神状态和身体状况进行确认，如精神状态和身体状况不佳，不安排作业工作
	作业环境核查不清、不准	施工人员熟悉图纸和设备现状；技术人员、吊车司机、起重指挥到现场勘查
	施工手续不全	按要求办理完开工手续
	未执行开工、停电手续	按规定填写办理开工小票，专人负责办理停电、送电
	作业负责人在作业前不认真检查作业现场安全措施	作业负责人在会同工作许可人检查现场所做的安全措施正确完备后，方可在工作票上签字，然后带作业人员进场
	特种作业人员无证操作	特种作业人员必须是持有有效的特殊作业操作证才能上岗
	未履行交底手续	作业前必须做好技术交底、安全交底，并且形成书面交底材料经交底双方所有人员签字归档
	作业人员劳动保护不到位	做好两穿一戴，进入两米以上高空配挂安全带
作业中	进入电除尘仓内前未进行检测	进仓前应再次确认已断电，并进行高压放电接地；检测仓内煤气浓度是否达标；检测温度是否已经允许进人
	动火作业不规范	1. 办理动火工作票，按要求配置灭火器材； 2. 氧气瓶、乙炔瓶使用应放置平稳，其最小安全距离不得小于10米； 3. 动火前应进行作业环境的确认，防止引燃废布、电缆等
	吊装作业不规范	1. 吊装设备包括吊车、钢丝绳、卡环等性能完好； 2. 吊装作业设置有警戒区，吊物下严谨逗留； 3. 吊装指挥信息通畅准确； 4. 吊装过程按施工技术要求进行，钢索绑扎牢固
	施工临时用电不规范	1. 施工现场用电由电工负责接线和维护； 2. 用电设备必须执行一机一闸一漏的要求； 3. 除尘器仓内照明使用 36V 以下的安全电压； 4. 加强对用电设备和线路的巡查
	照明不够	除尘器仓内应设置照明灯便于夜间作业，照明充足
	极板拆除及安装吊装	1. 极板拆除前应检查极板腐蚀情况，再选择适当的吊装方式； 2. 风大时不能吊装极板
	登高作业人员单手拿物或抛掷工具物品	1. 上下传递物品时，地面人员不得在危险区域内逗留和通行； 2. 加大对习惯性违章的考核力度
	除尘器仓顶作业平台狭小	1. 除尘器仓顶保温箱上加装防护栏杆； 2. 顶部加装安全走绳
	试车	1. 试车应由指挥部统一指挥协调，办理试车小票； 2. 试车前必须对除尘器仓内及周边区域进行清场，确认无人后关闭人孔门，拉好警戒区； 3. 试车按试车方案进行，按规范办理停送电
	现场无监护	作业现场必须有项目管理人员进行检查，特别是节假日、中夜班等情况下不能缺失

实施步骤	危　害　因　素	安　全　措　施
作业后	在办理工作票终结手续后，发现还有任务未完成或有遗留物品继续工作（无票工作）	1. 在办理工作票终结手续前，对作业内容、工器具、人员进行清点，并做好记录； 2. 办理工作票终结手续后，作业人员严禁再触及设备； 3. 重新办理工作票，严禁无票工作

（2）作业实施过程的应急措施

1）触电。发生了触电事故，立即通知拉闸断电，切忌用手直接拉碰触电者本人，尽快使伤员脱离电源；若伤者心跳停止，立即进行人工呼吸和心肺复苏。抢救的同时，派人向上级报告，派医生现场指导抢救，并送往医院治疗。

2）高空坠落。发生意外，项目负责人立即组织施救，并送往医院治疗。

3）起重伤害。立即停止起重吊装作业，将伤员移至安全地点，在现场对伤员进行简单止血、包扎、固定，同时向上级汇报，及时转送医院就治。

六、作业实施过程的检查与确认（表 5-32）

表 5-32　作业实施过程的检查与确认表

实施过程	检查与确认的内容	确认人
作业前	作业负责人在作业前将人员的任务分工、危险点及其控制措施进行详细的交底	
	作业人员必须具有相关经验，取得相关证书	
	班前会对作业人员的精神状态和身体状况进行确认，如精神状态和身体状况不佳，不安排作业工作	
	施工人员熟悉图纸和设备现状；技术人员、吊车司机、起重指挥到现场勘查现场；施工员、电工到现场查看检修电源、线路布置	
	按要求办理开工手续	
	按规定填写办理开工小票，专人负责办理停电、送电	
	作业负责人在会同工作许可人检查现场所做的安全措施正确完备后，方可在工作票上签字，然后带作业人员进场	
	特种作业人员必须持有有效的特殊作业操作证才能上岗	
	作业前必须做好技术交底、安全交底，并且形成书面交底材料经交底双方所有人员签字归档	
	做好两穿一戴，进入两米以上高空配挂安全带，进入含尘现场佩戴口罩	
作业中	进仓前应再次确认已断电，并进行高压放电接地；检测仓内煤气浓度是否达标；检测温度是否已经允许进人	
	1. 办理动火工作票，按要求配置灭火器材； 2. 氧气瓶、乙炔瓶使用应放置平稳，其最小安全距离不得小于 10 米； 3. 动火前应进行作业环境的确认，防止引燃废布、电缆等	
	1. 吊装设备包括吊车、钢丝绳、卡环等完好； 2. 吊装作业设置有警戒区，吊物下严禁行走或逗留； 3. 吊装指挥信息通畅准确； 4. 吊装过程按施工技术要求进行，钢索绑扎牢固	
	1. 施工现场用电由电工负责接线和维护； 2. 用电设备必须执行一机一闸一漏的要求； 3. 除尘器仓内照明使用 36V 以下的安全电压； 4. 加强对用电设备和线路的巡查	

实施过程	检查与确认的内容	确认人
作业中	除尘器仓内应设置照明灯便于夜间作业，照明充足	
	1. 极板拆除前应检查极板腐蚀情况，再选择适当的吊装方式； 2. 风大时不能吊装极板	
	1. 上下传递物品时严禁抛掷，地面人员不得在危险区域内逗留和通行； 2. 加大对习惯性违章的考核力度	
	1. 除尘器仓顶保温箱上加装防护栏杆； 2. 顶部加装安全走绳	
	1. 试车应由指挥部统一指挥协调，办理试车小票； 2. 试车前必须对除尘器仓内及周边区域进行清场，确认无人后关闭人孔门，拉好警戒区； 3. 试车按试车方案进行，按规范办理停送电	
	作业现场必须有项目管理人员进行检查，节假日、中夜班等情况下不能缺失	
作业后	1. 在办理工作票终结手续前，对作业内容、工器具、人员进行清点，并做好记录； 2. 办理工作票终结手续后，作业人员严禁再触及设备； 3. 重新办理工作票，严禁无票工作	
	作业完成后三清退场	

B 电除尘器极板极线整体吊装作业申请审批表（表 5-33）

表 5-33 厂级危险作业申请审批表

申请单位（盖章）： 申请时间： 年 月 日

危险作业项目	电除尘器极板极线整体吊装作业	作业时间	
作业地点		级别	
作业简要内容			

采取的安全措施	责任人
1. 制定危险作业实施方案，做好统一指挥及安全监护管理；	
2. 专人办理主抽（增压）风机、电场机组、振打装置等相关联设备的停电手续，烧结机头电除尘必须办理停煤气手续；	
3. 把高压联络开关打到接地位；打开人孔门，挂好"有人作业，禁止关门"的警示牌，专人监护，将每个电场阴极框架用接地钳进行接地放电，检测废气浓度小于 24×10^{-6}，确认无误后方可进入；	
4. 高空作业时，必须佩挂安全带，并有专人监护，移动照明必须使用安全灯；	
5. 搭好检修防护支架（平台），相互协调，统一指挥；	
6. 作业区域设置警戒区，严禁高空抛物，严禁在起重吊物下行走或停留，地面有专人监护；	
7. 持证上岗，规范操作，严禁歪拉斜吊，必须有专人指挥；	
8. 吊装时要挂牵引绳，保持吊物平稳，风力达到 3 级以上时，严禁吊装作业；	
9. 作业前检查确认工机具的安全可靠性，正确使用各类工机具；	
10. 作业完毕后，必须认真清理现场人员、机具，确认万无一失，方可关人孔门	

可能出现的意外情况	应急救援措施	
触电和中毒窒息	切断电源，佩戴空气呼吸器，立即将人抬到通风处并启动突发伤害事故、煤气中毒事故应急预案	
坠落物伤人	立即救人并启动突发伤害事故应急预案	
吊装挤撞伤人	立即救人并启动突发伤害事故应急预案	
现场负责人		安全员

车间负责人： 厂级主管部门负责人： 厂级主管领导：

C　电除尘器极板极线整体吊装作业安全对策措施确认表（表5-34）

表5-34　危险作业安全对策措施确认表

填报单位（盖章）：

危险作业名称	电除尘器极板极线整体吊装作业	级别	厂级
事故模式	触电、中毒窒息、起重伤害		
造成人身安全事故的主要原因	1. 未办理机组停电或误停电、送错电，易造成触电事故； 2. 进电场未检测废气浓度是否符合要求，造成人员中毒窒息； 3. 吊装作业，物体捆扎不牢固，坠落伤人，吊物摆动挤撞伤人		

主要危害因素	安全对策措施	确认人
未指派专人负责现场作业的安全	制定危险作业实施方案，做好统一指挥及安全监护管理	
未办理相关设备的停电（及停煤气）手续	专人办理主抽（增压）风机、电场机组、振打装置等相关联设备的停电手续，烧结机头电除尘必须办理停煤气手续	
进入电场前，未进行接地放电，未检测废气浓度是否符合要求，易发生触电、中毒事故	把高压联络开关打到接地位；打开人孔门，挂好"有人作业，禁止关门"的警示牌，专人监护，将每个电场阴极框架用接地钳进行接地放电，检测废气浓度小于 24×10^{-6}，确认无误后方可进入	
高空作业易坠落、跌落伤人，未使用安全照明，会触电伤人	高空作业时，必须佩挂安全带，并有专人监护。移动照明必须使用安全灯	
作业场地狭窄，易挤撞伤人	搭好检修防护支架（平台），相互协调，统一指挥	
作业过程中高空坠落物伤人	作业区域设置警戒区，严禁高空抛物，严禁在起重吊物下行走或停留，地面有专人监护	
吊装作业，吊物捆扎不牢靠，操作不规范，吊物坠落砸伤人	持证上岗，规范操作，严禁歪拉斜吊，必须有专人指挥	
吊装极板易摆动，坠落伤人	吊装时要挂牵引绳，保持吊物平稳，风力达到3级以上时，严禁吊装作业	
工机具使用不当伤人	作业前检查确认工机具的安全可靠性，正确使用各类工机具	
作业完毕后，未清理进入电场内作业人员	作业完毕后，必须认真清理现场人员、机具，确认万无一失，方可关人孔门	
应急设施装备物资	空气呼吸器完好、有效	
备注		
现场负责人		安全员	

车间负责人：　　　　厂级主管部门负责人：　　　　厂级带班（主管）领导：

5.3.4.4 1500米以上超长胶带进出作业

A 1500米以上超长胶带进出作业方案（表5-35）

表5-35 1500米以上超长胶带进出作业方案

编制人： 审核人： 审批人：

一、作业基本情况

危险作业项目	1500米以上超长胶带进出	级别	厂级
作业地点			
计划作业时间	年 月 日 时—— 年 月 日 时		
作业内容	根据生产和设备运行情况需要，对1500米以上超长的胶带全部进行更换		
作业节点	将新胶带运输到指定地点并将接头胶接→提升胶带机配重并固定→剪断旧胶带并将头部与新胶带连接→将旧胶带拖下顺势将新胶带卷上机架		

二、作业前的准备

（1）人员准备

1）现场负责人：对现场作业安全负全责；负责安全技术方案的组织和实施，并保证按期完成；督促作业人员遵守执行安全规章制度，制止职工违章作业。

2）安全监护人：负责联保互保的落实，对现场人员的人身安全进行监护；督促作业人员规范操作；及时制止现场的违章行为，消除物的不安全状态，确保检修安全。

（2）安全防护器具要求

1）安全带：穿戴规范，高空作业必须系挂。

2）照明：照明必须完好有效。

3）灭火器：能正常使用。

三、现场作业环境及其他要求

（1）技术准备：提前了解现场的作业环境，清除障碍，选择最佳作业地点。

（2）安排好吊车、铲车、拆卸附件的放置地点和消防器材的合理布置，现场工机具摆放整齐。

（3）道路畅通、场地清洁，无杂物；在铁路或公路边作业需办理封道手续。

（4）安全工作交底：开好班前会，明确作业内容及安全互保对子，进行安全技术交底，涉及动火时要办理动火证。

（5）作业现场设置警戒并安排专人监护，非直接作业人员不得进入警戒区域。牵引胶带时所有人员都不能在钢丝绳三角区内逗留。

（6）作业场地做好防雨、防潮和防尘措施；如作业期间遇恶劣天气，撤离人员暂停作业。

（7）胶料存放指定地点，周围10米范围内严禁烟火。

（8）使用胶料时作业人员必须站在上风侧。

四、作业程序及要求

（1）施工方案示意图（图5-14）

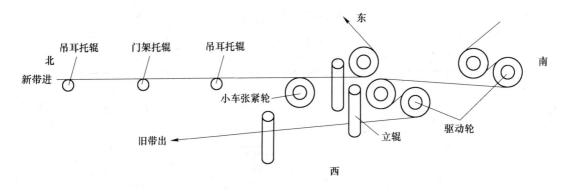

图5-14　施工方案示意图

（2）准备工作

1）用叉车将新带运至路边，打滑车铲车牵引钢绳吐带至张紧小车后通廊下的空当地面，地面胶接接头。

2）换带需用吊车两台、铲车三台（2台铲车拉带、1台铲车收旧带），铲车必须功率强劲，必要时租用大铲车或推土机，并提前办理封道手续。

3）事先安排好旧带回收工作，拉带前回收人员必须到位，并于拉带全程配合。旧带剪断后及时打卷放置路边回收。如有剩余新带，回收人员一并负责打卷收回。

4）将胶带上的余料排净，并清理张紧小车轨道处的积料，以便小车移动自如及方便胶结胶带头。各部清扫器、护皮全部拆除，抱闸、逆止器全部脱开。影响钢绳锁夹接头通行的障碍物全部拆除。

（3）方案说明

1）整条胶带一次更换。

2）胶带机停电，先将张紧小车和四台抱闸完全松开，在胶带机头部装好下层胶带卡板，防止胶带剪断后沿斜坡下滑。

3）在小车张紧轮与驱动轮之间剪断旧带，将旧带头拖出。

4）新带头穿过门架托辊和吊耳托辊后与旧带头用钢绳锁夹连接牢固。

5）吊车吊起吊耳托辊，前后相连的两台铲车停在张紧轮旁的通道上，钢丝绳牵向驱动轮下，系住旧带头，脱开胶带卡板，铲车拉带。

6）若因雨水等原因铲车打滑拉不动，则采取临时措施，铲斗装矿，泥泞地面铺片石等。

7）当旧带末端拉至张紧小车时，继续拉几米再停止拉带，装好卡板，剪下旧带并拖出。调整张紧小车位置，留出放置硫化平台所需的轨道，固定好小车。

8）重新穿钢丝绳，经导向滑轮从小车张紧轮上牵入然后返头，系住新带头，铲车将胶带拉紧，装好机下卡板。

9）在张紧小车轨道上胶接合龙头。

五、作业实施过程的危害因素、安全措施及突发事故的应急措施

（1）作业实施过程的危害因素、安全措施（表5-36）

表5-36 作业实施过程的危害因素、安全措施

实施步骤	危害因素	安全措施
作业前	作业人员精神状态和身体状况未确认	开好班前会，对作业人员的精神状态和身体状况进行确认，如精神状态和身体状况不佳，不安排作业工作
	安全技术交底不详	对参与换带检修作业的人员要进行安全教育及安全技术交底；涉及动火时要办理动火证
	劳动保护用品使用不规范	所有参与作业的人员必须做好"两穿一戴"
	未办理封道、停电等手续	作业前及时与相关单位联系，开具工作票，办理相关封道、停电等手续并得到岗位人员的签字确认
	工机具未检查确认	指定专人负责检查确认换带所需工机具的完好有效
	未设立安全警戒区域	换带区域要设立安全警戒区域，无关人员不得入内
	作业前任务分工不明确，危险点及其控制措施未予以详细交底	1. 作业负责人下达任务前，必须勘查现场，制定穿带施工方案； 2. 作业负责人必须在施工前到现场，对现场的带电部位、大型施工器械的行走线路和工作位置以及对施工构成障碍的物体核查清楚，查明作业中的不安全因素； 3. 对设备缺陷的处理工作必须在工作前将缺陷发生的原因、处理方式、现场条件，作业中的安全注意事项核查清楚
作业中	未做到统一指挥	专人负责作业现场的统一指挥
	提挂配重选点不规范	检查配重起重吊点完好，无严重腐蚀变形
	配重爬梯腐蚀变形	仔细检查爬梯符合使用要求，人员上下时站稳扶好，到达指定位置后选择固定牢靠的位置系挂安全带
	使用吊车长时间悬挂配重	将配重起吊至指定位置后，利用副绳或地面支撑等其他方式对配重进行防坠落加固
	工机具和移动设备未固定	规范摆放所需的工机具和移动设备并进行固定，防止移动
	牵引作业未落实专人跟车指挥，信号传递不准	配合作业的牵引车辆必须专人跟车指挥，接头处专人跟踪，重点部位专人监护，发现异常情况，立即停止作业
	作业人员安全技能不熟练	特种作业人员必须持证上岗，并具有相关工作经验
	现场人员站位不当	拉胶带时所有人员都不能在钢丝绳三角区内逗留
	突发恶劣天气	作业期间遇恶劣天气，暂停作业，时间顺延
	胶料存放不规范	胶料存放指定地点，周围10米范围内严禁烟火
	使用胶料时站位不当	使用胶料时作业人员必须站在上风侧
	高空作业和行走安全措施不落实	高处作业人员必须配挂安全带，高空走道的缝隙处大于300mm时必须铺设安全网
	未落实现场监护	对检修过程中使用的钢丝绳、滑轮、协扣和工机具受力点由专人看护
	现场动火作业未确认	现场动火作业必须确保气瓶摆放稳定，检查动火部位的周围及下部有无易燃物并指定专人看护
	张紧小车未固定	穿带负责人负责检查葫芦、张紧小车松开情况，钢丝绳是否完好，张紧小车一定要固定牢

实施步骤	危害因素	安全措施
作业中	穿胶带未做到专人统一指挥	穿胶带必须由专人统一指挥，有关人员要听从专人指挥，统一通信频道，头尾部位、张紧小车、胶带连接处必须配专人跟踪
	起重作业安全措施不落实	起重吊物下严禁站人，穿胶带必须有专人统一指挥，指挥者必须佩戴指挥标志
	动火作业现场未确认	使用氧气、乙炔要按规定使用，保持安全距离。使用电焊执行电焊工安全操作规程，动火需办证
作业后	相关手续未办理完结	在办理工作票终结手续前，对作业内容、工器具、人员进行清点，并做好记录
	工具物品清理不规范	作业完毕认真清理工具物品，做好规范放置。撤除现场警戒线和警示牌，现场不得遗留物件和杂物
	高空抛物	高空作业完毕清理现场时不得将小工具或杂物向下抛掷，应该进行集中后统一清理至地面
	工艺保护装置或安全设施未恢复	指定专人负责逐项清理，恢复因检修而人为拆除或损坏的所有工艺保护装置和安全设施
	未清点作业人员	参加作业的单位以班组为单位清点作业人员，确认作业完毕

（2）作业实施过程的应急措施

1）高空坠落：应仔细观察伤员的神志是清醒、模糊还是昏迷，并尽可能了解伤员落地时身体的着地部位；若伤员跌下时腰背部先着地，可能造成脊椎骨折，这时正确的搬运方法应使伤员两下肢伸直，两上肢也伸直放身旁，然后三人用手同时将伤员平托至木板上，平稳运送；如果头颅面部先着地，则需将伤员的头部偏斜，将口腔内可能脱落的牙齿和积血吐出，以免堵塞呼吸道引起窒息；如果发现伤者的耳朵、鼻子有血液流出，千万不要用手帕、棉花或纱布去堵塞，因为这样会造成颅内高压和细菌感染；采取急救措施后迅速及时地送医院抢救。

2）中暑：立即将伤员抬至阴凉通风处，保持有充足的新鲜空气，平躺地面，解开其上衣领口的纽扣保持呼吸畅通；采取急救措施后迅速及时地送医院抢救。

3）机械、起重伤害：用纱布将伤口包好，有大出血时要先止血；有断离肢体的要捡回用干净的布包好；有骨折的对已暴露在外边的骨头严禁送回组织内；固定骨折的固定物必须将断骨上、下两个关节固定住；固定物与肢体接触处应垫毛巾、纱布等软垫；作简单固定后，立即送往医院。脊柱骨折搬运时用木板担架，防止损伤脊髓。

4）触电：立即切断电源，用不导电体使患者脱离电源；如果患者昏迷，可能同时伴有脊柱损伤，搬运时一定要按脊柱损伤搬运的要求搬运；呼吸、心跳停止者，抢救步骤按心肺复苏方法进行；抢救应分秒必争，及时转送医院。

六、作业实施过程的检查与确认（表 5-37）

表 5-37 作业实施过程的检查与确认表

实施过程	检查与确认的内容	确认人
作业前	一、作业前对作业人员、工机具、现场环境进行确认：	
	开好班前会，对作业人员的精神状态和身体状况进行确认，如精神状态和身体状况不佳，不安排作业工作	
	指定专人负责检查确认换带所需工机具的完好有效	
	提前检查现场作业环境及设备的安全隐患，并及时消除	
	二、作业上场前，作业人员明确作业内容及安全对策措施，进行了安全技术交底	
	作业前及时与相关单位联系，开具工作票，办理相关封道、停电等手续并得到岗位人员的签字确认	
	对参与换带检修作业的人员要进行安全教育及安全技术交底；涉及动火时要办理动火证	
	1. 作业负责人下达任务前，必须勘查现场，制定施工方案； 2. 作业负责人必须在施工前到现场，对现场的带电部位、大型施工器械的行走线路和工作位置以及对施工构成障碍的物体核查清楚，查明作业中的不安全因素； 3. 对设备缺陷的处理工作必须在工作前将缺陷发生的原因、处理方式、现场条件、作业中的安全注意事项核查清楚	
	三、对本项目作业《危险作业安全对策措施确认表》在作业前需要确认的安全对策措施进行确认：	
	换带区域要设立安全警戒区域，无关人员不得入内	
	所有参与作业的人员必须做好"两穿一戴"	
	规范摆放所需的工机具和移动设备并进行固定，防止移动	
作业中	一、带班领导确认	
	二、对本项目作业《危险作业安全对策措施确认表》在作业过程中需要确认的安全对策措施进行确认	
	专人负责作业现场的统一指挥	
	检查配重起重吊点完好，无严重腐蚀变形	
	仔细检查爬梯是否符合使用要求，人员上下时站稳扶好，到达指定位置后选择固定牢靠的位置系挂安全带	
	将配重起吊至指定位置后，利用副绳或地面支撑等其他方式对配重进行防坠落加固	
	配合作业的牵引车辆必须专人跟车指挥，接头处专人跟踪，重点部位专人监护，发现异常情况，立即停止作业	
	特种作业人员必须持证上岗，并具有相关工作经验	
	拉胶带时所有人员都不能在钢丝绳三角区内逗留	
	作业期间遇恶劣天气，暂停作业，时间顺延	
	胶料存放指定地点，周围 10 米范围内严禁烟火	
	使用胶料时作业人员必须站在上风侧	

实施过程	检查与确认的内容	确认人
作业中	高处作业人员必须配挂安全带，高空走道的缝隙处大于 300mm 时必须铺设安全网	
	对检修过程中使用的钢丝绳、滑轮、协扣和工机具受力点由专人看护	
	现场动火作业必须确保气瓶摆放稳定，检查动火部位的周围及下部有无易燃物并指定专人看护	
	穿带负责人负责检查葫芦、张紧小车松开情况，钢丝绳是否完好，张紧小车一定要固定牢	
	穿胶带必须由专人统一指挥，有关人员要听从专人指挥，统一通信频道，头尾部位、张紧小车、胶带连接处必须配专人跟踪	
	起重吊物下严禁站人，穿胶带必须有专人统一指挥，指挥者必须佩戴指挥标志	
	使用氧气、乙炔要按规定使用，保持安全距离。使用电焊执行电焊工安全操作规程，动火需办证	
作业后	对本项目作业《危险作业安全对策措施确认表》在作业后需要确认的安全对策措施进行确认：	
	在办理工作票终结手续前，对作业内容、工器具、人员进行清点，并做好记录	
	作业完毕认真清理工具物品，做好规范放置。撤除现场警戒线和警示牌，现场不得遗留物件和杂物	
	高空作业完毕清理现场时不得将小工具或杂物向下抛掷，应该进行集中后统一清理至地面	
	指定专人负责逐项清理，恢复因检修而人为拆除或损坏的所有工艺保护装置和安全设施	
	参加作业的单位以班组为单位清点作业人员，确认作业完毕	

B　1500 米以上超长胶带进出作业申请审批表（表 5-38）

表 5-38　危险作业申请审批表

申请单位（盖章）：　　　　　　　　　　　申请时间：　　年　　月　　日

危险作业项目	1500 米以上超长胶带进出作业（厂级）	作业时间	
作业地点		级别	厂级
作业简要内容	根据生产和设备运行情况需要，对 1500 米以上超长的胶带进行全部更换		
采取的安全措施			责任人
开好班前会，对作业人员的精神状态和身体状况进行确认，如精神状态和身体状况不佳，不安排作业工作			
指定专人负责检查确认所需工机具的完好有效			
提前检查现场作业环境及设备的安全隐患，并及时消除			
作业前及时与相关单位联系，开具工作票，办理相关封道、停电等手续并得到岗位人员的签字确认			

采取的安全措施	责任人
对参与换带检修作业的人员要进行安全教育及安全技术交底；涉及动火时要办理动火证	
1. 作业负责人下达任务前，必须勘查现场，制定穿带施工方案； 2. 作业负责人必须在施工前到现场，对现场的带电部位、大型施工器械的行走线路和工作位置以及对施工构成障碍的物体核查清楚，查明作业中的不安全因素； 3. 对设备缺陷的处理工作必须在工作前将缺陷发生的原因、处理方式、现场条件、作业中的安全注意事项核查清楚	
作业区域要设立安全警戒区域，无关人员不得入内	
所有参与作业的人员必须做好"两穿一戴"	
规范摆放所需的工机具和移动设备并进行固定，防止移动	
专人负责作业现场的统一指挥	
检查配重起重吊点完好，无严重腐蚀变形	
仔细检查爬梯是否符合使用要求，人员上下时站稳扶好，到达指定位置后选择固定牢靠的位置系挂安全带	
将配重起吊至指定位置后，利用副绳或地面支撑等其他方式对配重进行防坠落加固	
配合作业的牵引车辆必须专人跟车指挥，接头处专人跟踪，重点部位专人监护，发现异常情况，立即停止作业	
特种作业人员必须持证上岗，并具有相关工作经验	
拉胶带时所有人员都不能在钢丝绳三角区内逗留	
作业期间遇恶劣天气，暂停作业，时间顺延	
胶料存放指定地点，周围 10 米范围内严禁烟火	
使用胶料时作业人员必须站在上风侧	
高处作业人员必须配挂安全带，高空走道的缝隙处大于 300mm 时必须铺设安全网	
对检修过程中使用的钢丝绳、滑轮、协扣和工机具受力点由专人看护	
现场动火作业必须确保气瓶摆放稳定，检查动火部位的周围及下部有无易燃物并指定专人看护	
穿带负责人负责检查葫芦、张紧小车松开情况，钢丝绳是否完好，张紧小车一定要固定牢	
穿胶带必须由专人统一指挥，有关人员要听从专人指挥，统一通信频道，头尾部位、张紧小车、胶带连接处必须配专人跟踪	
起重吊物下严禁站人，穿胶带必须有专人统一指挥，指挥者必须佩戴指挥标志	
氧气、乙炔要按规定使用，保持安全距离。使用电焊执行电焊工安全操作规程，动火需办证	
在办理工作票终结手续前，对作业内容、工器具、人员进行清点，并做好记录	
作业完毕认真清理工具物品，做好规范放置。撤除现场警戒线和警示牌，现场不得遗留物件和杂物	
高空作业完毕清理现场时不得将小工具或杂物向下抛掷，应该进行集中后统一清理至地面	
指定专人负责逐项清理，恢复因检修而人为拆除或损坏的所有工艺保护装置和安全设施	
参加作业的单位以班组为单位清点作业人员，确认作业完毕	

可能出现的意外情况	应急救援措施
高空坠落	1. 应仔细观察伤员的神志是清醒、模糊还是昏迷，并尽可能了解伤员落地时身体的着地部位； 2. 若伤员跌下时腰背部先着地，可能造成脊椎骨折，这时正确的搬运方法应使伤员两下肢伸直，两上肢也伸直放身旁，然后三人用手同时将伤员平托至木板上，平稳运送； 3. 如果头颅面部先着地，则需将伤员的头部偏斜，将口腔内可能脱落的牙齿和积血吐出，以免堵塞呼吸道引起窒息； 4. 如果发现伤者的耳朵、鼻子有血液流出，千万不要用手帕、棉花或纱布去堵塞，因为这样会造成颅内高压和细菌感染； 5. 采取急救措施后迅速及时地送医院抢救
中暑	1. 立即将伤员抬至阴凉通风处，保持有充足的新鲜空气，平躺地面，解开其上衣领口的纽扣保持呼吸畅通； 2. 采取急救措施后迅速及时地送医院抢救
机械、起重伤害	1. 用纱布将伤口包好，有大出血时要先止血； 2. 有断离肢体的要捡回用干净的布包好； 3. 有骨折的对已暴露在外边的骨头严禁送回组织内； 4. 固定骨折的固定物必须将断骨上、下两个关节固定住； 5. 固定物与肢体接触处应垫毛巾、纱布等软垫； 6. 作简单固定后，立即送往医院。脊柱骨折搬运时用木板担架，防止损伤脊髓
触电	1. 立即切断电源，用不导电体使患者脱离电源； 2. 如果患者昏迷，可能同时伴有脊柱损伤，搬运时一定要按脊柱损伤搬运的要求搬运； 3. 呼吸、心跳停止者，抢救步骤按心肺复苏方法进行； 4. 抢救应分秒必争，及时转送医院
现场负责人	安全员

车间负责人：　　　　　　厂级主管部门负责人：　　　　　　厂级主管领导：

C　1500 米以上超长胶带进出作业安全对策措施确认表（表 5-39）

表 5-39　危险作业安全对策措施确认表

填报单位（盖章）：

危险作业名称	1500 米以上超长胶带进出作业	级别		厂级
事故模式	高空坠落，中暑，机械，起重伤害，触电			
造成人身安全事故的主要原因	1. 高处作业未采取防范措施造成高空坠落事故； 2. 高温季节露天作业未采取防暑降温措施造成中暑事故； 3. 作业时人员站位不当，钢丝绳断裂造成机械伤害事故； 4. 接电线时违规操作或作业中造成电缆破损易造成触电事故			
主要危害因素	安全对策措施			确认人
作业人员精神状态和身体状况未确认	开好班前会，对作业人员的精神状态和身体状况进行确认，如精神状态和身体状况不佳，不安排作业工作			
安全技术交底不详	对参与换带检修作业的人员要进行安全教育及安全技术交底；涉及动火时要办理动火证			

主要危害因素	安全对策措施	确认人
劳动保护用品使用不规范	所有参与作业的人员必须做好"两穿一戴"	
未办理封道、停电等手续	作业前及时与相关单位联系，开具工作票，办理相关封道、停电等手续并得到岗位人员的签字确认	
工机具未检查确认	指定专人负责检查确认换带所需工机具的完好有效	
未设立安全警戒区域	换带区域要设立安全警戒区域，无关人员不得入内	
作业前任务分工不明确，危险点及其控制措施未予以详细交底	1. 作业负责人下达任务前，必须勘查现场，制定穿带施工方案； 2. 作业负责人必须在施工前到现场，对现场的带电部位、大型施工器械的行走线路和工作位置以及对施工构成障碍的物体核查清楚，查明作业中的不安全因素； 3. 对设备缺陷的处理工作必须在工作前将缺陷发生的原因、处理方式、现场条件、作业中的安全注意事项核查清楚	
未做到统一指挥	专人负责作业现场的统一指挥	
提挂配重选点不规范	检查配重起重吊点完好，无严重腐蚀变形	
配重爬梯腐蚀变形	仔细检查爬梯是否符合使用要求，人员上下时站稳扶好，到达指定位置后选择固定牢靠的位置系挂安全带	
使用吊车长时间悬挂配重	将配重起吊至指定位置后，利用副绳或地面支撑等其他方式对配重进行防坠落加固	
工机具和移动设备未固定	规范摆放所需的工机具和移动设备并进行固定，防止移动	
牵引作业未落实专人跟车指挥，信号传递不准	配合作业的牵引车辆必须专人跟车指挥，接头处专人跟踪，重点部位专人监护，发现异常情况，立即停止作业	
作业人员安全技能不熟练	特种作业人员必须持证上岗，并具有相关工作经验	
现场人员站位不当	拉胶带时所有人员都不能在钢丝绳三角区内逗留	
突发恶劣天气	作业期间遇恶劣天气，暂停作业，时间顺延	
胶料存放不规范	胶料存放指定地点，周围10米范围内严禁烟火	
使用胶料时站位不当	使用胶料时作业人员必须站在上风侧	
高空作业和行走安全措施不落实	高处作业人员必须配挂安全带，高空走道的缝隙处大于300mm时必须铺设安全网	
未落实现场监护	对检修过程中使用的钢丝绳、滑轮、协扣和工机具受力点由专人看护	
现场动火作业未确认	现场动火作业必须确保气瓶摆放稳定，检查动火部位的周围及下部有无易燃物并指定专人看护	
张紧小车未固定	穿带负责人负责检查葫芦、张紧小车松开情况，钢丝绳是否完好，张紧小车一定要固定牢	
穿胶带未做到专人统一指挥	穿胶带必须由专人统一指挥，有关人员要听从专人指挥，统一通信频道，头尾部位、张紧小车、胶带连接处必须配专人跟踪	

续表 5-39

主要危害因素	安全对策措施	确认人
起重作业安全措施不落实	起重吊物下严禁站人，穿胶带必须有专人统一指挥，指挥者必须佩戴指挥标志	
动火作业现场未确认	氧气、乙炔要按规定使用，保持安全距离。使用电焊执行电焊工安全操作规程，动火须办证	
相关手续未办理完结	在办理工作票终结手续前，对作业内容、工器具、人员进行清点，并做好记录	
工具物品清理不规范	作业完毕认真清理工具物品，做好规范放置。撤除现场警戒线和警示牌，现场不得遗留物件和杂物	
高空抛物	高空作业完毕清理现场时不得将小工具或杂物向下抛掷，应该进行集中后统一清理至地面	
工艺保护装置或安全设施未恢复	指定专人负责逐项清理，恢复因检修而人为拆除或损坏的所有工艺保护装置和安全设施	
未清点作业人员	参加作业的单位以班组为单位清点作业人员，确认作业完毕	

突发事故现场应急处置	
突发事故类型	应急处置措施
高空坠落	1. 应仔细观察伤员的神志是清醒、模糊还是昏迷，并尽可能了解伤员落地时身体的着地部位； 2. 若伤员跌下时腰背部先着地，可能造成脊椎骨折，这时正确的搬运方法应使伤员两下肢伸直，两上肢也伸直放身旁，然后三人用手同时将伤员平托至木板上，平稳运送； 3. 如果头颅面部先着地，则需将伤员的头部偏斜，将口腔内可能脱落的牙齿和积血吐出，以免堵塞呼吸道引起窒息； 4. 如果发现伤者的耳朵、鼻子有血液流出，千万不要用手帕、棉花或纱布去堵塞，因为这样会造成颅内高压和细菌感染； 5. 采取急救措施后迅速及时地送医院抢救
中暑	1. 立即将伤员抬至阴凉通风处，保持有充足的新鲜空气，平躺地面，解开其上衣领口的纽扣保持呼吸畅通； 2. 采取急救措施后迅速及时地送医院抢救
机械、起重伤害	1. 用纱布将伤口包好，有大出血时要先止血； 2. 有断离肢体的要捡回用干净的布包好； 3. 有骨折的对已暴露在外边的骨头严禁送回组织内； 4. 固定骨折的固定物必须将断骨上、下两个关节固定住； 5. 固定物与肢体接触处应垫毛巾、纱布等软垫； 6. 作简单固定后，立即送往医院。脊柱骨折搬运时用木板担架，防止损伤脊髓
触电	1. 立即切断电源，用不导电体使患者脱离电源； 2. 如果患者昏迷，可能同时伴有脊柱损伤，搬运时一定要按脊柱损伤搬运的要求搬运； 3 呼吸、心跳停止者，抢救步骤按心肺复苏方法进行； 4 抢救应分秒必争，及时转送医院

车间负责人：　　　　　　厂级主管部门负责人：　　　　　　厂级带班（主管）领导：

5.3.4.5 脱硫事故浆液罐罐内作业

A 脱硫事故浆液罐罐内作业方案（表5-40）

表5-40 脱硫事故浆液罐检修作业方案

编制人：   审核人：   审批人：

一、作业基本情况

危险作业项目	脱硫事故浆液罐罐内作业	级别	厂级
作业地点	脱硫事故浆液罐罐内		
计划作业时间	年　月　日　时~　年　月　日　时		
作业内容	清料、更换支撑梁		
作业节点	作业前准备0.5h→清料→拆除腐蚀的支撑梁→更换新支撑梁→做防腐→三清退场0.5h		

二、作业前的准备

（1）人员准备

1）现场负责人：对现场施工安全负全责，负责对施工进行危害辨识，对作业人员进行安全交底；负责检修安全技术方案的组织和实施，并保证检修按期完成；督促作业人员遵守执行安全规章制度，制止职工违章作业。

2）安全监护人：负责联保互保的落实，对检修人员的人身安全进行监护；督促作业人员规范操作；及时制止检修现场的违章行为，消除物的不安全状态，确保检修安全。

（2）安全防护器具要求

1）安全带：符合要求。

2）灭火器：完好。

3）照明：符合安全要求。

4）空气呼吸器：符合要求。

三、现场作业环境及其他要求

（1）开好班前会，明确作业内容及安全互保对子，进行安全技术交底。

（2）到脱硫中控办理停电手续，现场拉好警戒绳，专人监护。

（3）办好动火证并将其带到作业现场，配备灭火器。

（4）罐内作业必须使用36V以下的低压照明。

（5）罐内必须通风顺畅，下面的圆孔门与顶部的天窗空气对流，人员方可进入罐内。

（6）进入事故罐前，必须对罐内进行氧含量测试，符合要求方可作业。

四、作业程序及要求

（1）清渣作业：用水稀释，排放至小事故池后回吸收塔地坑；清料时首先从两侧人孔门清理，加快空气对流，确保罐内空气通畅。

（2）更换支撑梁时，在确保空气流通的前提下进行作业；首先检查需要更换的支撑梁的数量、位置，然后确定搭设跳板的地方；搭设跳板必须固定牢固，方可进行作业。

五、作业实施过程的危害因素、安全措施及突发事故应急措施

（1）作业实施过程的危害因素、安全措施（表5-41）

表 5-41   作业实施过程的危害因素、安全措施

实施步骤	危险因素	安全措施
作业前	作业人员的身体状况及安全意识、精神状态不好	班前会对作业人员的精神状态和身体状况进行确认，如精神状态和身体状况不佳，不安排作业工作
	检修人员安全技能不熟练	加强技能培训，安排有相关工作经验的人员参加检修
	未穿劳动保护用品或劳动保护用品使用不规范	严格按"两穿一戴"进行着装
	作业任务不清	作业负责人在作业前将人员的任务分工、危险点及其控制措施予以详细的交底
	氧含量未达到要求	必须对罐内进行氧含量测试，符合要求方可作业
	作业现场情况核查不全面、不准确	1. 作业负责人下达任务前，必须核对作业小票，勘查现场，查明可能向作业地点进浆液的管道是否办理停电手续； 2. 作业负责人必须在施工前到现场，对现场作业措施落实情况进行检查，以及查明作业中的不安全因素是否全部采取有效的安全措施； 3. 对罐内缺陷的处理工作必须在工作前将缺陷发生的原因、处理方式、现场条件、作业中的安全注意事项核查清楚
作业中	未办理工作许可手续，作业人员即进入作业现场做准备工作	作业负责人在作业前必须办理许可手续后，由工作许可人向作业负责人进行二次交底，方可带领作业人员进入作业现场
	作业负责人在作业前不认真检查作业现场安全措施	作业负责人在会同工作许可人检查现场所做的安全措施正确完备后，方可在工作票上签字，然后带作业人员进场
	登高作业和非正常方式上下，引起伤害。未戴安全帽，未挂安全带	1. 进入2米以上高处作业，必须佩戴安全带，并拴在牢固的构件上，不得低挂高用，不得系在腐蚀的支撑梁上；作业人员衣着便利，穿防滑性能较好的工作鞋； 2. 禁止作业，加大对习惯性违章的考核力度
	登高作业人员单手拿物或抛掷工具物品	1. 登高作业人员配置工具袋，物品用绳索传递； 2. 上下传递物品时严禁抛掷，地面人员不得在危险区域内逗留和通行； 3. 加大对习惯性违章的考核力度
	往罐内搬运、安装支撑梁的过程中砸、撞伤作业人员	1. 由专人指挥，指挥方向明确、准确； 2. 作业人员相互配合，无关人员禁止入内； 3. 合理站位，落实联保互保
	电动工具外壳漏电，移动工具未切断电源	电动工具外壳必须可靠接地，移动工具必须切断电源
	动火作业不规范、现场吸烟，发生火灾和人员灼伤	1. 办理动火工作票，按要求配置灭火器材； 2. 氧气瓶、乙炔瓶使用应放置平稳，其最小安全距离不得小于10米，使用乙炔瓶必须装有减压阀和回火防止器； 3. 事故浆液罐内严禁吸烟
作业后	作业完后，"三清"不到位	作业完后，必须清理现场，作业负责人确认无误后，方可离开

（2）作业实施过程的应急措施

1）触电。发生了触电事故，立即通知拉闸断电，如不能及时断电可用干燥的木棒、竹竿等将电线拨开，切忌用手直接拉碰触电者本人，尽快使伤员脱离电源；若伤者心跳停止，立即进行人工呼吸和心肺复苏。抢救的同时，派人向上级报告，派医生现场指导抢

救，并送往医院治疗。

2）高空坠落。发生意外，项目负责人立即组织施救，并送往医院治疗。

3）物体打击。立即停止装作业，将伤员移至安全地点，在现场对伤员进行简单止血、包扎、固定，同时向上级汇报，及时转送医院就治。

六、作业实施过程的检查与确认（表5-42）

表5-42　作业实施过程的检查与确认表

实施过程	检查与确认的内容	确认人
作业前	一、作业前对作业人员、工机具、现场环境进行确认：	
	作业人员齐备，具备相应工种技能并持证上岗，符合本方案（二）人员准备的要求	
	工机具齐备、完好，符合本方案（二）工机具准备要求	
	作业环境良好，符合本方案（三）现场作业环境要求	
	二、作业上场前，作业人员明确作业内容及安全对策措施，进行了安全技术交底	
	三、对本项目作业《危险作业安全对策措施确认表》在作业前需要确认的安全对策措施进行确认：	
	班前会对作业人员的精神状态和身体状况进行确认，如精神状态和身体状况不佳，不安排作业工作	
	加强技能培训，安排有相关工作经验的人员参加检修	
	严格按"两穿一戴"进行着装	
	作业负责人在作业前将人员的任务分工、危险点及其控制措施予以详细的交底	
	1. 作业负责人下达任务前，必须勘查现场； 2. 作业负责人必须在施工前到现场，查明作业中的不安全因素； 3. 对事故浆液罐需处理的部位、处理方式、现场条件，作业中的安全注意事项核查清楚	
	必须对罐内进行氧含量测试，符合要求方可作业	
作业中	一、带班领导	
	二、对本项目作业《危险作业安全对策措施确认表》在作业过程中需要确认的安全对策措施进行确认：	
	作业负责人在作业前必须办理许可手续后，由工作许可人向作业负责人进行二次交底，方可带领作业人员进入作业现场	
	作业负责人在会同工作许可人检查现场所做的安全措施正确完备后，方可在工作票上签字，然后带作业人员进场	
	1. 进入2米以上高处作业，必须佩戴安全带，并拴在牢固的构件上，不得低挂高用，不得系在支柱瓷瓶上；作业人员衣着便利，穿防滑性能较好的工作鞋； 2. 禁止作业，加大对习惯性违章的考核力度	
	1. 登高作业人员配置工具袋，物品用绳索传递； 2. 上下传递物品时严禁抛掷，地面人员不得在危险区域内逗留和通行； 3. 加大对习惯性违章的考核力度	
	工作时戴手套和正确使用工具	

续表 5-42

实施过程	检查与确认的内容	确认人
作业中	1. 由专人指挥，指挥方向明确、准确； 2. 作业人员相互配合，无关人员禁止入内； 3. 合理站位，落实联保互保	
	电动工具外壳必须可靠接地，移动工具必须切断电源	
作业后	一、对本项目作业《危险作业安全对策措施确认表》在作业后需要确认的安全对策措施进行确认：	
	二、作业完毕现场设备、设施、环境安全的确认： 事故罐内是否有遗留的物件和杂物	
	三、作业完毕试车的安全确认： 罐门是否封闭严实	

B　脱硫事故浆液罐罐内作业申请审批表（表 5-43）

表 5-43　厂级危险作业申请审批表

申请单位（盖章）：　　　　　　　　　　　　　申请时间：　　　年　　月　　日

危险作业项目	脱硫事故浆液罐罐内作业	作业时间	
作业地点	脱硫事故浆液罐罐内	危险级别	
作业简要内容	1. 清料； 2. 更换支撑梁		

采取的安全措施	责任人
1. 班前会对检修人员的精神状态和身体状况进行了解，如精神状态和身体状况不佳，不安排检修工作。安排有相关工作经验的人员参加检修，检修负责人在作业前将人员的任务分工、危险点及其控制措施予以详细的交底	
2. 作业负责人下达任务前，必须核对作业小票，勘查现场，查明可能向作业地点进浆液的管道是否办理停电手续	
3. 作业负责人必须在施工前到现场，对现场作业措施落实情况进行检查，以及查明作业中的不安全因素是否全部采取有效的安全措施	
4. 对罐内缺陷的处理工作必在工作前将缺陷发生的原因、处理方式、现场条件、作业中的安全注意事项核查清楚	
5. 作业负责人在作业前必须办理许可手续后，由工作许可人向作业负责人进行二次交底，方可带领作业人员进入作业现场	
6. 作业负责人在会同工作许可人检查现场所做的安全措施正确完备后，方可在工作票上签字，然后带作业人员进场	
7. 进入2米以上高处作业，必须佩戴安全带，并拴在牢固的构件上，不得低挂高用，不得系在腐蚀的支撑梁上；作业人员衣着便利，穿防滑性能较好的工作鞋	
8. 登高作业人员配置工具袋，物品用绳索传递	
9. 上下传递物品时严禁抛掷，地面人员不得在危险区域内逗留和通行	
10. 作业人员相互配合，无关人员禁止入内	

采取的安全措施	责任人
11. 合理站位，落实联保互保	
12. 电动工具外壳必须可靠接地，移动工具必须切断电源	
13. 办理动火工作票，按要求配置灭火器材	
14. 氧气瓶、乙炔瓶使用应放置平稳，其最小安全距离不得小于 10 米，使用乙炔瓶必须装有减压阀和回火防止器	
15. 事故浆液罐内严禁吸烟	
16. 必须对罐内进行氧含量测试，符合要求方可作业	

可能出现的意外情况	应急救援措施
触　电	发生了触电事故，立即通知拉闸断电，如不能及时断电可用干燥的木棒、竹竿等将电线拨开，切忌用手直接触碰触电者本人，尽快使伤员脱离电源；若伤员心跳停止，立即进行人工呼吸和心肺复苏。抢救的同时，派人向上级报告，派医生现场指导抢救，并送往医院治疗
高空坠落	发生意外，项目负责人立即组织施救，并送往医院治疗
物体打击	立即停止作业，将伤员移至安全地点，在现场对伤员进行简单止血、包扎、固定，同时向上级汇报，及时转送医院就治
现场负责人	安全员

车间负责人：　　　　　　厂级主管部门负责人：　　　　　　厂级主管领导：

C　脱硫事故浆液罐罐内作业安全对策措施确认表（表5-44）

表 5-44　危险作业安全对策措施确认表

填报单位（盖章）：

危险作业名称	脱硫事故浆液罐罐内作业	级别	厂级
事故模式	触电、高空坠落、物体打击		
造成人身安全事故的主要原因	1. 电动工具电源线漏电； 2. 往罐内转运、安装支撑梁时砸、撞伤作业人员； 3. 作业人员在安装罐内上方支撑梁时，未佩戴安全带或安全带悬挂方式不对，造成作业人员坠落伤害		

主要危害因素	安全对策措施	确认人
人员身体状况及安全意识不好，值班电工、检修人员安全技能不熟练	班前会对检修人员的精神状态和身体状况进行了解，如精神状态和身体状况不佳，不安排检修工作。安排有相关工作经验的人员参加检修，检修负责人在作业前将人员的任务分工、危险点及其控制措施予以详细的交底	
作业现场情况核查不全面、不准确	作业负责人下达任务前，必须核对作业小票，勘查现场，查明可能向作业地点进浆液的管道是否办理停电手续	
氧含量未达要求	必须对罐内进行氧含量测试，符合要求方可作业	
往罐内搬运、安装支撑梁的过程中砸、撞伤作业人员	1. 由专人指挥，指挥方向明确、准确； 2. 作业人员相互配合，无关人员禁止入内； 3. 合理站位，落实联保互保	

续表 5-44

主要危害因素	安全对策措施	确认人
1. 登高作业和非正常方式上下，引起伤害； 2. 未戴安全帽，未挂安全带	1. 进入 2 米以上高处作业，必须佩戴安全带，并拴在牢固的构件上，不得低挂高用，不得系在腐蚀的支撑梁上；作业人员衣着便利，穿防滑性能较好的工作鞋； 2. 禁止作业，加大对习惯性违章的考核力度	
登高作业人员单手拿物或抛掷工具物品	1. 登高作业人员配置工具袋，物品用绳索传递； 2. 上下传递物品时严禁抛掷，地面人员不得在危险区域内逗留和通行； 3. 加大对习惯性违章的考核力度	
往罐内搬运、安装支撑梁的过程中砸、撞伤作业人员	1. 由专人指挥，指挥方向明确、准确； 2. 作业人员相互配合，无关人员禁止入内； 3. 合理站位，落实联保互保	
电动工具外壳漏电，移动工具未切断电源	电动工具外壳必须可靠接地，移动工具必须切断电源	
动火作业不规范、现场吸烟，发生火灾和人员灼伤	1. 办理动火工作票，按要求配置灭火器材； 2. 氧气瓶、乙炔瓶使用应放置平稳，其最小安全距离不得小于 10 米，使用乙炔瓶必须装有减压阀和回火防止器； 3. 事故浆液罐内严禁吸烟	
作业完后，"三清"不到位	作业完后，必须清理现场，作业负责人确认无误后，方可离开	

突发事故现场应急处置	
突发事故类型	应急处置措施
触　电	发生了触电事故，立即通知拉闸断电，如不能及时断电可用干燥的木棒、竹竿等将电线拨开，切忌用手直接碰触触电者本人，尽快使伤员脱离电源；若伤者心跳停止，立即进行人工呼吸和心肺复苏。抢救的同时，派人向上级报告，派医生现场指导抢救，并送往医院治疗
高空坠落	发生意外，项目负责人立即组织施救，并送往医院治疗
物体打击	立即停止起重吊装作业，将伤员移至安全地点，在现场对伤员进行简单止血、包扎、固定，同时向上级汇报，及时转送医院就治

车间负责人：　　　　厂级主管部门负责人：　　　　厂级带班（主管）领导：

6 烧结厂事故应急预案及救援

6.1 预案总则

6.1.1 法规依据

烧结厂事故应急预案及救援的法规依据有：

《中华人民共和国安全生产法》

《中华人民共和国消防法》

《中华人民共和国工会法》

《中华人民共和国环境保护法》

《中华人民共和国突发事件应对法》

《生产安全事故应急预案管理办法》

《烧结安全操作规程》

6.1.2 指导思想

贯彻落实"安全第一，预防为主，综合治理"的工作方针，规范烧结生产安全事故的应急管理和应急响应程序，确保在发生安全事故或紧急情况下快速做出正确反应，及时有效地实施应急救援工作，最大限度地减少人员伤亡、财产损失，维护烧结生产经营良好秩序和社会稳定。

6.1.3 编制原则

烧结生产安全事故应急救援应遵循以下原则：

（1）以人为本，安全第一。把保障职工的生命安全、身体健康、最大限度地预防和减少事故造成的人员伤亡作为出发点和立足点。采取有效可靠措施，确保救援过程中的人员安全。

（2）统一指挥，分级负责。在厂应急救援领导小组的统一指挥和协调下，各专业组按照各自职责，负责有关事故的应急管理和应急处置工作。

（3）单位自救与厂级救援相结合。各单位要建立事故应急救援的分预案或处置方案，查找、分析、评价危险因素，确定重点事故应急目标，制定措施对策，对事故的处置做到早发现、早处置、早报告，努力减少事故损失和事故影响的范围。

（4）预防为主，平战结合。切实贯彻落实"安全第一，预防为主，综合治理"的方针，坚持事故应急与预防工作相结合。全员参与做好预防、预测、预警和预报工作，抓好应急队伍和应急设施建设，落实应急救援演练培训工作，提高全员应急救援的意识和能力。

6.2　应急救援组织体系

6.2.1　应急救援领导小组

按突发事件应急管理办法的要求，在上级应急管理办公室的领导下，烧结厂设置安全应急管理领导小组，领导小组成员由厂领导、各职能部门负责人组成，安全第一责任人任组长。

厂安全应急救援领导小组的组成人员：

组　　长：安全第一责任人

副组长：主管安全领导

成　　员：安全部门、生产技术部门、设备部门、保卫部门、工会、综合办公室及事故单位的负责人

6.2.2　组成部门及职责

厂级生产安全事故应急救援由安全应急救援领导小组执行。厂安全应急救援领导小组各成员职责：

组　　长：决定启动应急救援预案，下达向外部通报的决定、请求外部援助的决定，并负责组织指挥协调整个应急救援行动。

副组长：协助总指挥长负责应急救援的具体指挥工作，是现场最高指挥者。主要负责事故现场的指挥与协调，控制紧急情况。

安全科科长：负责环境监测组和事故调查组的工作，协助总指挥长做好事故报警、情况通报及事故处置工作；组织应急救援预案的训练和演练，对应急救援预案进行修订完善，不断提高应急救援的有效性。

生产技术部部长：负责应急救援领导小组办公室和协调组的工作；负责应急救援行动过程中的厂内交通和通信保障；负责工艺、技术的恢复重建工作。

设备部部长：负责抢险抢修组的工作，协助总指挥长负责生产设备设施抢险抢修工作的现场指挥；负责设备事故的调查处置工作。

保卫科科长：负责保卫警戒组的工作；负责现场灭火、疏散及所有应急救援行动过程中的厂区交通安全和治安保卫工作。

工会副主席：负责事故善后处理组的工作，参加事故调查取证。

综合办公室主任：负责医疗救护组和后勤保障的工作；负责应急救援过程的协调联系工作及配合善后处理组的工作。

事故单位第一负责人：负责事故发生后，本单位应急救援行动的组织实施；厂级应急救援预案启动后，执行应急救援领导小组生产协调组和善后处理组的指令，负责事故结束后生产恢复工作；配合接受事故调查。

6.2.3　应急救援小组

厂生产安全事故应急救援领导小组下设七个专业组，其组成与职责分别是：

救援协调组（能源介质事故处理组）：厂生产技术部负责。检查督促各专业组做好应

急救援的各项准备工作，负责事故应急救援（含能源介质）行动的实施与协调；做好应急救援行动相关的通信保障工作，负责对外联系及必要时代表领导小组对外发布和解除应急救援命令；提供应急救援行动所需的有关气象信息；负责厂生产的组织与调度，并做好事故后的生产恢复准备工作。

医疗救护组：厂综合办公室负责。及时迅速与驻厂卫生所联系，请求启动应急救援预案；负责现场伤员的急救、抢救和送达医院救治，保障应急救援所需的医疗器械、药品等。

保卫警戒组：厂保卫科负责。负责事故现场治安、交通指挥，确保营救受伤人员的通道畅通；设立警戒，指导群众疏散，特种物资保卫等；负责发生火灾时的应急救援行动的组织和实施，减少事故损失；确保厂应急救援行动顺利进行。

抢险抢修组：厂设备部负责。负责对事故造成的设备、设施毁坏或仍然存在危险的设备、设施组织进行抢险抢修，防止事故扩大；负责组织对未造成人员伤亡的设备事故进行调查和处理；并配合协调组做好事故后的生产恢复工作。

环境监测组：厂安全科负责。监测现场有毒有害气体和物资，并负责进行处置和清除消毒，指导职工疏散；负责组织对环境污染、职业病危害事故的调查和处理。

事故调查组：厂安全科负责。组织对发生轻伤、重伤事故的现场取证、询问、摄影录像等调查工作；配合上级做好死亡及以上事故的调查。

善后处理组：厂工会和事故单位负责。厂办公室、安全科等部门配合，做好事故伤亡人员家属的安抚工作，妥善安排家属生活，依照政策负责事故善后处理及医疗救助等。

6.3 应急响应机制

6.3.1 危险预测

烧结以危害辨识、风险评价为基础，建立各级危险源控制管理体系，建立完善对 B 级危险源及重大危险作业的管理档案及信息监控系统、预测预警系统。若出现重大异常情况，在组织应急处理的同时，应作为事故信息报告相应部门。

6.3.2 分级预警

烧结突发生产安全事故根据严重程度分为四级预警：

Ⅰ级：发生或可能发生较大及以上生产安全事故，用红色表示（公司级）；

Ⅱ级：发生或可能发生一般生产安全事故，用橙色表示（公司级）；

Ⅲ级：发生重伤事故，用黄色表示；

Ⅳ级：发生轻伤事故，用蓝色表示。

6.3.3 信息报告

6.3.3.1 报告主体

发生事故的单位是信息报告的责任主体。烧结厂安全部门和厂调度室是受理报告和向公司相关部门报告生产安全事故应急处置信息的责任主体。

6.3.3.2　报告内容

事故信息报告内容包括：发生事故的单位、时间、详细地点、事故类别、简要经过、伤亡人数、发展趋势、处置情况和拟采取措施等。

6.3.3.3　报告时限和程序

事故发生后，事故现场有关人员应当立即报告本单位负责人和安全员，单位负责人和安全员接到报告后，应迅速向厂安全部门和厂调度室报告，厂安全部门和厂调度室接到报告后，应于1小时内向公司安全部门及有关部门报告。可能或已造成人员死亡的生产安全事故同时报公司总调。

6.3.4　分级响应

（1）厂调度室和安全部门接到事故报告后，对事故类型、级别进行评估，发生重伤及轻伤生产安全事故时，应立即启动黄色及蓝色预警，厂安全应急办启动相应的响应程序，分别为Ⅲ、Ⅳ级响应，并将应急处置情况报公司安全部门备案。

（2）厂应急救援领导小组办公室主任根据组长的决定，发布厂应急救援预案启动命令。

（3）领导小组各成员单位和部门的第一负责人，接到厂应急救援预案启动命令后，在15分钟内，必须到达领导小组办公室（厂调度室）报到，接受应急救援行动任务。

（4）领导小组各专业组全体人员，接到厂应急救援预案启动命令后，在20分钟内，必须到达预定地点集结待命，做好随时开始应急救援行动的准备；在接到行动指令后，必须在指令时间内赶到事故现场，按各专业组的行动方案实施应急救援行动。

（5）Ⅰ级、Ⅱ级响应为公司级响应。发生一般生产安全事故，启动Ⅱ级响应，发生较大及以上生产安全事故时，启动Ⅰ级响应。凡公司级应急响应由公司总调根据总指挥长的决定，发布公司应急响应启动命令，厂领导小组按公司命令参加应急救援。

6.3.5　现场应急救援

接事故单位报告启动Ⅲ级、Ⅳ级应急响应后，各专业组迅速按指挥部要求实施应急救援：

（1）救援协调组确定应急救援行动事故现场指挥部所在部位，及时安排好应急救援行动的所有通信设施，保证通信畅通，并公示联系电话。

（2）现场副指挥长到位行使应急救援行动指挥。

（3）各专业组向现场指挥部报告现场指挥所处部位及联系电话。

（4）医疗救护组对受伤人员进行现场抢救治疗。

（5）消防组及时组织进行灭火工作，并组织对受伤人员的营救工作。

（6）保卫警戒组根据抢险抢修组确定的危险部位、区域，组织现场警戒，保护现场，指挥交通、人群疏散等工作。

（7）抢险抢修组对事故现场进行勘查，确定危险部位、区域，组织进行抢险抢修工作。

（8）环境监测组对现场环境进行监测，组织进行清洗消毒，指导应急救援工作。

（9）事故调查组对事故现场进行取证、勘查等工作。

（10）救援协调组及时掌握现场应急救援情况，对事故工艺技术进行技术论证，保持信息畅通准确。

6.3.6 处置方案

当发生火灾，煤气泄漏中毒及大型除尘器、烟气脱硫设施故障，人身伤害事故和自然灾害时，各车间、部门应按专项应急预案和以下处置方案的基本要求开展应急救援工作。其基本要求如下：

（1）在做好事故应急救援的同时，迅速组织群众撤离事故危险区域，维护好事故现场秩序。

（2）迅速撤离、疏散现场人员，设置警示标志，封锁事故现场和危险区域，同时设法保护相邻装置、设备，防止事态进一步扩大和引发次生事故。

（3）参加应急救援的人员必须受过专业训练，配备相应的防护（隔热、防毒等）装备及检测仪器（有毒、有害气体等的检测）。

（4）掌握事故发展情况，及时修订现场救援方案，补充应急救援力量。

6.4 综合事故应急救援措施

6.4.1 火灾应急救援

6.4.1.1 事故类型及危害因素分析

A 事故类型

火灾、爆炸、中毒和窒息等。

B 可能造成的危害

（1）电缆短路造成人员电弧灼伤及死亡。

（2）电缆及设备火灾产生有毒气体，造成人员中毒、呼吸道灼伤、窒息、休克。

（3）煤气着火烧伤。

（4）煤气爆炸造成物体坠落砸伤人员、设备设施损坏及其他二次伤害。

6.4.1.2 火灾应急救援措施

A 车间应急救援措施

凡第一时间发现起火意外情况者，必须立即向中控室报告，中控室操作人员接到险情报告后，迅速报告班组长，由班组长核实情况并组织处理。

（1）火灾初起时，迅速用现场水、沙、灰、灭火器等，对准起火源根部进行扑灭。

（2）在20分钟内的初期火灾，车间级应急救援队伍，在统一指挥下首先救人，注意风向和烟雾移动方向，同时利用灭火器和室内外消防栓以及生产用水进行现场应急处置。

（3）凡发生煤气大量泄漏导致的火灾时，迅速报公司火警，同时组织泄漏区域相关人员撤离危险区域，并在100米外设置警戒线。

B　厂级应急救援措施

（1）厂调度室和保卫部门接到事故报告后，对火灾事故级别进行评估，起火时间超过7分钟，应立即启动黄色或蓝色预警，厂消防应急办启动相应的响应程序，分别为Ⅲ、Ⅳ级响应，并将应急处置情况报公司保卫部门备案。

（2）厂应急救援领导小组办公室主任（调度主任）根据组长的决定，发布厂应急救援预案启动命令。

（3）领导小组各成员单位和部门的第一负责人，接到厂应急救援预案启动命令后，必须迅速到达领导小组办公室（厂调度室）报到，接受应急救援行动任务。

（4）各专业组救援人员，接到厂应急救援预案启动命令后，在10分钟内，必须到达预定地点集结待命，做好随时开始应急救援行动的准备；在接到行动指令后，必须在指令时间内赶到事故现场，按各专业组的行动方案实施应急救援行动。

（5）厂消防应急办、调度室接到报警后由总指挥或副总指挥下达停产指令，组织落实应急工作。

（6）在火灾、泄漏点周围100米外设立警戒线、警示标志，封锁出事地的道路，专人看守，禁止车辆和人员过往。

（7）煤气泄漏区和主厂房禁止开关照明，严禁带负荷开关和动明火。

（8）按职责及时通知厂医务所或打"120"急救站，随时做好受伤人员的救护准备。

（9）Ⅰ级、Ⅱ级响应为公司级响应。发生多人死亡构成一般火灾事故时，启动Ⅱ级响应，构成较大及以上火灾事故时，启动Ⅰ级响应。凡公司级应急响应由公司总调根据总指挥长的决定，发布公司应急响应启动命令，厂领导小组按公司命令参加应急救援。

6.4.2　煤气泄漏应急救援

6.4.2.1　事故类型及危害因素分析

A　事故类型

火灾、中毒和爆炸等。

B　危害因素分析

（1）煤气着火烧伤。

（2）煤气泄漏，一氧化碳中毒。

（3）爆炸造成物体坠落砸伤人员、设备设施损坏及其他二次伤害。

6.4.2.2　煤气泄漏应急救援措施

A　车间应急救援措施

凡第一时间发现煤气管破损泄漏等意外情况者，必须立即向中控室报告，中控室操作人员接到险情报告后，迅速报告工长，由工长核实情况。

（1）一般性单点煤气泄漏时，迅速查找漏点切断气源，按安全操作规程的要求处置。

（2）煤气大量泄漏且有人出现轻度中毒征兆时，一方面报告厂调度室，要求燃气厂采取总管减压等措施，车间级应急救援队伍戴好空气呼吸器，首先救人，在统一指挥下进行现场应急处理。

（3）发生煤气管道、点火炉坍塌，煤气泄漏量大且范围广或引发火灾时，迅速报火警，同时组织泄漏区域相关人员撤离危险区域，设置警戒线，并进行应急处置。

B　厂级应急救援措施

（1）厂调度室和安全科接到事故报告后，对煤气泄漏事故级别进行评估，发生煤气大量泄漏且有人员中毒或引发火灾事故时，应立即启动黄色或蓝色预警，厂安全应急办启动相应的响应程序，分别为Ⅲ、Ⅳ级响应，并将应急处置情况报公司安全环保部备案。

（2）厂应急救援领导小组办公室主任（调度主任）根据组长的决定，发布厂应急救援预案启动命令。

（3）领导小组各成员单位和部门的第一负责人，接到厂应急救援预案启动命令后，必须迅速到达领导小组办公室（厂调度室）报到，接受应急救援行动任务。

（4）各专业组救援人员，接到厂应急救援预案启动命令后，在20分钟内，必须到达预定地点集结待命，做好随时开始应急救援行动的准备；在接到行动指令后，必须在指令时间内赶到事故现场，按各专业组的行动方案实施应急救援行动。

（5）厂安全科、调度室接到报警后由总指挥或副总指挥下达停产指令，组织急救工作。

（6）在泄漏点周围100米外设立警戒线、警示标志，封锁出事地的道路，专人看守，禁止车辆和人员过往。

（7）煤气泄漏区和主厂房禁止开关照明，严禁动负荷开关。

（8）按职责及时通知厂医务所或打"120"急救站，随时做好中毒人员的救护准备。

（9）Ⅰ级、Ⅱ级响应为公司级响应。发生多人中毒或人员死亡构成一般生产安全事故时，启动Ⅱ级响应，构成较大及以上生产安全事故时，启动Ⅰ级响应。凡公司级应急响应由公司总调根据总指挥长的决定，发布公司应急响应启动命令，厂领导小组按公司命令参加应急救援。

6.4.3　除尘器故障应急救援

6.4.3.1　事故类型及危害因素分析

A　事故类型

大气污染。

B　危害因素分析

粉尘浓度过高造成大气污染，易导致呼吸系统疾病，对身体健康不利。

6.4.3.2　除尘器故障应急救援措施

（1）应急领导小组各成员单位和部门主要负责人接到厂应急处置办公室预案启动的命令后，迅速到现场报到，接受应急处置行动任务。

（2）各专业组必须在指定的时间内赶到故障现场集结待命，随时做好应急处置行动的准备，各专业组在领导小组的统一指挥下采取应急处置措施。

（3）除尘器故障应急处置领导小组召集现场各专业组成员针对故障情况制定事态控制、损失控制和污染控制处置方案，并指挥各小组开展工作。各处置小组及时向领导小组汇报应急处置行动的进展情况，并提出下一步的行动方案和建议。

6.4.4　脱硫液氨泄漏事故应急救援

6.4.4.1　事故类型及危害因素分析

事故类型与危害因素：中毒、呼吸道系统损伤和表皮组织腐蚀。

6.4.4.2　脱硫液氨泄漏事故应急救援措施

（1）救援协调组确定应急救援行动事故现场领导小组所在部位，及时安排好应急救援行动的所有通信设施，保证通信畅通，并公示联系电话。

（2）各专业组向领导小组报告现场所处部位及联系电话。

（3）医疗救护组开展对受伤人员进行现场抢救治疗和送医救治。

（4）保卫警戒组根据抢险抢修组确定的危险部位、区域，及时组织进行灭火工作，并组织对中毒人员的搜救工作；组织现场警戒、保护现场、指挥交通、人群疏散等工作。

（5）抢险抢修组对事故现场进行勘查，确定危险部位、区域，组织进行抢险抢修工作。

（6）环境监测组对现场环境进行监测、报告，组织进行清洗消毒，指导应急救援工作。

（7）事故调查组对事故现场进行取证、勘查等工作。

（8）救援协调组及时掌握现场应急救援情况，对事故工艺技术进行技术论证，保持信息畅通准确。

6.4.5　人身伤害事故紧急救援

6.4.5.1　事故类型及危害因素

事故类型及危害因素分析：现场出现的各类事故造成人员受伤，如各种外伤、内伤、中毒、窒息、休克、昏迷、死亡。

6.4.5.2　人身伤害事故应急救援措施

（1）发生事故造成人员受伤后，首先是抢救生命，现场紧急抗休克治疗，保持伤员呼吸道畅通，给氧吸入。

（2）对呼吸、心跳停止的伤员进行现场急救。

（3）烧、烫伤伤员急救。

1）迅速脱离热源，先用冷水冲淋或浸浴伤处，可止痛并中和余热，减轻损害；

2）避免再损伤局部，伤处的衣、裤、袜之类应剪开取下，勿剥脱；

3）运转时伤处向上以免受压；

4）减少污染，用清洁的被单、衣服等覆盖创面或简单包扎。

（4）电击伤员急救：切断电源，轻症伤员转移至安全地点休息，严密观察，防止迟发性假死状态发生，必要时可服用小剂量安定药。

（5）重大创伤的现场抢救及运转。

1）对内脏损伤病人应尽量减少不必要的搬运和各种刺激，冬天要注意保暖，以免加重出血及休克的产生；

2）搬运脊柱损伤伤员要用与地面相平的木板担架，由多人扶伤员躯干，使成一整体滚动法移至木板上，切忌一人抬头、两人抬腿的搬运方法；

3）用车辆转送伤员时，应用"足前头后"平卧位，或是"与行车方向垂直"的平卧位，以免下坡或急刹车时影响颅脑流血。

人身伤害事故发生后，现场第一发现人立即通知调度室。调度室问清情况后立即通知安全部门、分管领导，必要时应通知有关领导和部门联系救护车或消防车。同时将受伤人员撤离现场，安置在开阔处等待车辆送医院。保护好事故现场，为事故调查提供条件。

6.5　现场常见伤害急救常识

6.5.1　现场创伤急救原则

工伤事故往往给伤员造成多部位、多脏器的多发性损伤，必须对复杂的伤情做出迅速而准确的判断，并采取相应的紧急措施。在处理多发性外伤时，采取的急救原则如下：

（1）首要的原则是抢救生命。对心脏骤停者应立即进行人工心肺复苏；窒息者必须清除呼吸道阻塞，取出口腔、咽部血块及异物，纠正舌后坠，保持气道畅通。

（2）大出血先压迫止血，有条件钳夹止血，必要时用止血带止血。

（3）开放性气胸必须立即用敷料密封包扎。

（4）对闭合性损伤不能掉以轻心，应注意有无脏器损伤。如胸、腹部损伤是否合并肋骨骨折，血、气、胸、肝、脾破裂、肾挫伤引起内出血，肠管破裂引起腹膜炎及脊柱骨折等，应尽早发现，及时处理。

（5）对四肢骨折要用夹板固定。对切割伤所致肢体断离，残端用消毒纱布包扎止血或用止血带止血。注意，断离肢体不能用水清洗，只能用消毒纱布或干净毛巾等包扎好后，放入双层塑料袋内，袋外放置冰块、冰棒等冷冻物，尽快转送，争取给医院进行断肢（断指）再植手术创造条件。

（6）开放性损伤用消毒纱布或干净纱布覆盖包扎伤口，对脑组织或腹部内脏脱出者，不能还纳。应用消毒或干净纱布覆盖，再用干净饭碗加盖包扎迅速转送。

（7）对软组织损伤、皮肤青紫、肿胀或血肿者，可用冰敷或用绷带压迫包扎。早期禁用热敷或推拿、按摩，以免加重局部出血。

（8）搬运伤员应争取时间，动作要快、轻、稳，避免加重损伤。

6.5.2　烧结生产现场常用救护技术

烧结生产事故现场常用的救护技术主要有：现场止血、伤员搬运与现场心肺复苏。

6.5.2.1　现场止血

常用的止血方法主要有：指压止血法、加压包扎止血法、加垫屈肢止血法及止血带止血法。

A　指压止血法

较大的动脉出血，用拇指压住止血的血管上方（离心脏近的那一端），使血管被压闭住，中断血液，止住血后，即需换用其他止血方法。其使用的情况如下：

（1）头顶及颞部动脉出血，用拇指或食指在耳前正对下颌关节处用力压迫颞浅动脉。

（2）腮部及颜面部出血，用拇指或食指在下颌角前约半寸处，将颌外动脉压于下颌骨上。

（3）头、颈部大出血，在气管外侧、胸锁乳突肌前缘中点处，将伤侧颈动脉后压于第六颈椎上。此法禁止双侧同时压迫，单侧也不能压得过久，否则可引起脑缺血，脉搏变慢，血压下降甚至心跳骤停。

（4）手臂或手部出血，将肱动脉压迫在肱二头肌内侧的肱骨上。

（5）手部出血，将尺、桡动脉分别压在腕前的尺桡骨上。

（6）腋窝、肩部及上肢出血，用拇指在锁骨上凹摸到动脉跳动处，其余四指放在颈后，用拇指将锁骨下动脉压向第一肋骨。

（7）手指出血，在出血手指根部两侧将动脉压在指骨上。

（8）下肢出血，将股动脉压在腹股沟韧带中点下二横指的耻骨上。

（9）足背出血，将胫前、胫后动脉分别压在内踝上、下方的胫骨上。

B　加压包扎止血法

适用于小动脉、静脉出血，先抬高伤肢，用消毒纱布垫敷于伤口后，再用棉团、纱布卷、毛巾折成垫子，放在出血部位的敷料外面，再用绷带加压包扎，以达到止血目的。如伤处有骨折时，须另加夹板固定。伤口内有碎骨存在时，不用此法。

C　加垫屈肢止血法

上肢或小腿出血，在没有骨折和关节伤时，可采用屈肢加垫止血。如上臂出血，可用一定硬度、大小适宜的垫子放在腋窝，上臂紧贴胸侧，用三角巾、绷带或腰带固定胸部；如前臂或小腿出血，可在肘窝加垫处屈肢固定。

D　止血带止血法

四肢较大动脉出血，在上述措施均不能止血的紧急情况下采用此法。无止血带可选用弹性好的橡皮带、橡皮管，也可以用绷带、毛巾、手帕或布条等代替。禁用电线、铁丝、细麻绳等。最常扎止血带部位是上肢结扎于上臂上1/3处，下肢结扎于大腿中部。结扎时应先将伤肢抬高，局部垫上敷料或毛巾等软织物，将止血带适当拉长，绕肢体两周，在外侧打结固定。注意应有明显标记，写上结扎止血带时间，每40分钟放松一次止血带，每次1~2分钟，以免肢体缺血坏死。伤口远端明显缺血者禁用此法止血。

6.5.2.2　伤员搬运

A　搬运的原则

（1）上肢骨折多能自己行走，下肢骨折须用担架。

（2）脊柱骨折伤员应用门板或其他硬板担架，搬运伤员时，使其面向下，由3~4人分别用手托其头、胸、骨盆和腿部，动作一致平放在担架上；用三角巾或其他宽布带将伤员绑在担架上以防移动。

（3）颈椎骨折，高位胸椎骨折搬运时，要有专人牵引头部，用沙袋或枕头垫在头颈部两侧，避免晃动。

B　搬运的方法

伤员搬运的方法主要有徒手搬运法及器械搬运法。

a　徒手搬运法

（1）扶行法。救护人站于病人一侧，使其身体略靠着救护人。

（2）抱持法。救护者一手放于伤员背部，另一手放于伤员双大腿下，将病人抱起，同时伤员双手抱住救护者颈部。

（3）背负法。救护者蹲在伤员一侧，一手紧握伤员肩部，另一手抱其腿，用力翻身，使其负于救护人背上，而后慢慢起来。

（4）椅托式。甲乙两人在病人两侧对立，甲以右膝、乙以左膝跪地，各以一手入患者大腿之下互相紧握，另外一只手彼此交替搭于肩上，支托患者背部。

（5）双人拉车式。两个救护人，一个站在病人的头部，两手插其腋下，将其抱入自己的怀中；另一个站在病人的足部，跨在两腿中间。两救护人员步调一致前行。

（6）三人搬运法。三个救护人并排，将患者抱起齐步前进。

b　器械搬运法

（1）帆布担架。现场若无帆布担架，可用棉被或衣服（最好为大衣），翻袖向内成两管，插入木棍两根，再将纽扣妥善扣好即成。将病人平稳轻巧地移上担架，病人头部向后，足部向前。向高处抬时，前面的人要放低，后面的人要抬高；下台阶时相反。

（2）躺椅担架。在躺椅两侧绑上两木棍。

（3）绳络担架：用木棒或竹竿两根，横木两根，扎成长方形担架，然后缠以较坚硬的绳索即成。搬运方法同（1）。

C　搬运途中的护理

（1）危重伤员应做好伤情标记。

（2）对扎止血带的伤病员，每隔 30~60 分钟放松一次止血带，每次约 1~2 分钟。

（3）昏迷伤员取侧卧位，头部偏向一侧，胸、背部以枕头或布卷垫位，每隔 2 小时翻身一次（脊柱骨折者除外）。

（4）抽搐伤员上、下牙齿间垫塞纱布，或者用纱布缠着筷子垫塞，以免咬伤舌部。

（5）密切观察伤员病情，一旦发生呼吸、心跳骤停时，采用人工呼吸、心脏按压等方法积极抢救。

（6）伤病员在车上或飞机上应横卧，身体与前进方向成垂直角度。床位要固定住，防止开动、刹车时碰伤。机械搬运时，担架要固定住。

6.5.2.3　现场心肺复苏

心肺骤停是各种原因所引发的循环和呼吸的突然停止和意识丧失，是最紧迫的急诊。心肺复苏就是对这一急诊所采取的一系列急救措施。一旦确定心脏骤停，必须立即抢救。具体步骤和方法为：

（1）判断伤员有无反应。当发现一位倒地的伤员，首先必须识别是否失去知觉。简单的方法是喊话并轻摇伤员："喂！你怎么了？"如无反应，表示已失去知觉。

（2）呼救。一旦判定伤员昏迷，应立即呼救。呼救有两个含意，一是呼唤其他人来帮忙抢救,二是叫其他人打电话通知急救站找来救护车。

(3) 摆好伤员体位。将伤员小心地抬到平坦的水泥地面或者长木桌子上,采用面朝天的仰卧位,注意在翻转和搬运伤员时一定要小心,以免加重骨折或其他外伤。

(4) 畅通伤员气道。伤员意识消失后,肌肉的张力也完全消失,舌肌松弛,舌根向后坠,正堵住气道,造成梗阻。在人工吹气前,必须先打开气道,使舌根抬起离开咽喉后壁,使气道畅通;再用看、听、感觉三种方法检查伤员是否有自主呼吸。无自主呼吸立即进行人工吹气。

(5) 人工吹气。伤员气道打开后,将放在伤员前额的手用拇指和食指捏住伤员的鼻子以免气体外逸,然后深吸一口气,张大嘴包住伤员的口并贴紧,连续快速吹气两口,同时斜眼观察伤员胸壁是否抬起,以判断气是否吹进去,成人每次吹气量为 800 ~ 1200 毫升,吹气时不要过猛,以免导致呕吐,引起伤员误吸。吹气频率按每分钟 12 次进行。另外还要注意,在吹气前,如伤员口腔中有异物或者假牙,必须取出。

(6) 判断伤员有无脉搏。一般以检查颈动脉搏动最为简便可靠。方法是用食指和中指尖轻轻地置于甲状软骨水平、胸锁乳突肌前缘的气管上,然后将手指向患者一侧的气管旁软组织滑动,如有脉搏即可知,如未触及颈动脉搏动,表明心跳已停,应立即开始胸外按压。

(7) 人工胸外心脏按压。

1) 按压部位。按压部位是以胸骨中 1/3 与下 1/3 交点处为按压部位。其确定方法是,抢救者用食指和中指,沿伤员一侧肋弓下缘上移至胸骨下切迹,将中指置于切迹外,食指与中指并拢平放于锁骨下端,然后将另一只手的手掌根紧靠于食指处,掌根所对的位置便是按压部位。

2) 按压姿势。确定了按压部位的手掌根部的长轴应与胸骨的长轴平行,手指手心翘起完全不接触胸壁,以保持下压力量集中于胸骨,另一只手的掌根再重叠在确定部位的手掌根上,以加大按压力量,抢救者两臂伸直,身体略向前倾斜,利用上半身的体重,垂直向下按压胸骨。

3) 按压方法:按压必须有规律地有节奏地均匀地进行,按下去的时间与放松拿起所用的时间应一样,不能猛压猛松,否则易损伤二尖瓣和三尖瓣,而且搏出量并不增加。

4) 按压频率:成人以每分钟 80 ~ 100 次的速度按压。按压间歇中不要使胸部受压,便于心脏充盈。但手掌根不要抬起离开胸壁,以免改变按压的正确位置。

每隔 4 ~ 5 分钟检查一次患者的心跳和呼吸,心肺复苏操作中断时间最多不超过 5 分钟。

(8) 心肺复苏的终止,取决于伤员脑、心情况的评定。如果伤员深度意识不清,缺乏自主呼吸以及瞳孔散大固定 15 ~ 30 分钟,表明脑死亡。如果心肺复苏持续进行 1 小时之后,心电活动仍不恢复,则表明心脏死亡。

6.5.3　现场常见伤害处理

6.5.3.1　烧、烫伤害的现场处理

烧、烫伤是由火焰、蒸汽、热水、钢水、铁水、电流、放射线、激光或强酸、强碱等化学物质侵害人体引起的。烧伤的严重程度与烧伤面积和深度及致伤物质有密切关系,现

场处理应注意以下问题：

（1）心跳、呼吸停止者应立即采取心肺复苏。

（2）如吸入刺激性或腐蚀性气体或在密闭环境中烧伤，面部、颈部深度烧伤，出现呼吸困难者应迅速送往医疗机构设法处置。

（3）非化学物质的烧伤创面不可用水淋，创面水泡不要弄破，以免创面感染。

（4）酸烧伤应立即用大量清水冲洗，再用2%～5%苏打溶液中和，然后用净水冲洗。

（5）强碱烧伤用大量清水冲洗，再用2%～5%醋酸溶液洗涤中和，然后用净水冲洗。如果是石灰烧伤先将石灰拭净再冲洗。

（6）用清洁被单盖住创面以免再污染。

（7）如伤员口渴，可饮用盐开水，不可喝生水及大量白开水，以免引起脑水肿及肺水肿。

（8）严重伤员应及时转送，争取在休克出现之前送达医院。

6.5.3.2　电击伤害的现场处理

电击伤的症状有：电击性休克、抽搐、昏迷、青紫、四肢厥冷、心律不齐，重者呼吸心跳停止，有的有局部软组织电烧伤或存在其他外伤。现场处理应注意以下问题：

（1）立即切断电源，用不导电物体使患者脱离电源。

（2）如果患者昏迷，可能同时伴有脊柱损伤，搬运时一定要按脊柱损伤搬运的要求搬运。

（3）呼吸、心跳停止者，抢救步骤按心肺复苏方法进行。

（4）抢救应分秒必争，不可轻易放弃抢救，原则上应在心跳停止后再抢1小时以上。

6.5.3.3　中暑的现场处理

A　中暑的症状

中暑是高温环境下发生的急性疾病，分为先兆中暑、轻症中暑和重症中暑三种，其症状分别如下：

（1）先兆中暑：大量出汗、口渴、耳鸣、胸闷、心悸、恶心及四肢乏力，注意力不能集中等。

（2）轻症中暑：除上述症状外，体温在38.5℃以上，面色潮红，皮肤灼热或面色苍白，恶心呕吐，大量出汗，脉搏细弱等。

（3）重症中暑：除具有前述中暑的症状外，昏倒或发生痉挛，皮肤干燥、无汗，体温在40℃以上。

B　中暑现场处理应注意的问题

（1）先兆及轻症中暑。立即离开高温作业环境到阴凉、安静、空气流通处休息，松解衣扣并给予清凉饮料、淡盐水或浓茶，可服人丹、十滴水等药物。

（2）重症中暑：

1）立即使中暑者脱离高温作业环境到阴凉通风处，松解衣扣；

2）头部、两腋下、腹股沟处放置冰袋；

3）用冰水、冷水或酒精擦身；

4）迅速转送附近医院抢救。

6.5.3.4　一氧化碳中毒的现场处理

一氧化碳是一种无色、无味、无臭的有毒气体。在生产现场的煤气区往往由于警惕性不高，思想麻痹或未采取必要的安全措施而导致一氧化碳中毒。

A　一氧化碳中毒表现

（1）轻度中毒。头痛、头晕、全身乏力、恶心、呕吐。

（2）中度中毒。除上述症状外，面色潮红、口唇樱桃红色、脉快、烦躁、步态不稳、意识模糊。

（3）重度中毒。昏倒、迅速进入昏迷、呼吸困难甚至呼吸循环衰竭而死亡。

B　现场处理应注意的问题

（1）迅速将中毒者抬到空气新鲜流通的地方。

（2）解开中毒者的衣扣、裤带，放低头部，但要注意保暖。

（3）中毒较轻的患者，可给予茶水或喝少量醋促其迅速清醒。

（4）如果呼吸、心跳停止，立即进行心肺复苏，并尽快转送医院进一步抢救。

6.6　烧结生产主要伤害事故案例分析

6.6.1　机械伤害

机械伤害指原动机（电动机、蒸汽机、内燃机等）、动力传动装置（齿轮传动、皮带传动、摩擦传动等）、工作机（压延机、线轧机、盘锯、锻造机、打桩机等），以及由它们组合而成的各种机床和其他机械（胶带运输机等）在运转过程中对人体的伤害。主要包括：

（1）机械设备对人体的伤害。

其伤害形式有：

1）卷入。指机械转运部件外露的突出部分由于人的错误动作，使人体因袖口、衣襟、手套、发辫等被缠绕而卷入机内受到伤害。

2）夹碾。指旋转着的齿轮对、轧辊等将人体夹入碾伤。

3）切割。指机械的刀具、锯齿、叶片等将人体某部位切割致伤。

4）挤压。指人体或某部位被挤压在机械某部件与机体之间，或者部件与其他物体之间，导致伤害。

5）碰撞或摩擦。

6）锤击。指动力驱动的锤头击伤人体。

（2）机械零部件及其所夹持的工件或它们的碎片飞起伤人。

（3）与机械某运动部位接触的工具等反弹伤人。

［案例1］　皮带伤害事故

A　事故经过

某烧结厂原料车间破碎工（班长）马某，于1986年3月15日上夜班，4：25左右，在转9-1胶带运输机岗位进行设备维护作业时将胶带溅湿造成胶带打滑。处理打滑故障时未停机，用废布擦头轮附近二格胶带反面的水，不慎将右手绞进头轮，头部撞击在漏斗钢板边沿上致死。

B　直接原因

马某未停机、停电处理胶带打滑，违章作业导致其被卷入胶带机，头部受到撞击致死。

C　间接原因

（1）该职工在进行设备维护时方法不当，致使胶带反面溅湿造成打滑。

（2）该职工安全意识不强，对作业的危害辨识不足；作业时图省事麻痹大意，自我防护能力差。

（3）单位对职工的安全教育培训不到位，对违章查处制止不力，考核不严。

［案例2］　皮带伤害事故

A　事故经过

1995年元月11日6：20～7：30左右，某烧结厂原料车间甲班进料小组胶带运输工杜某清扫维护设备时，发现CC-2胶带机尾辅助工作边（窄边）托轮掉落在地面，其前一组中间托轮靠辅助工作边的一端脱落。杜某就用右手伸进去检查中间托轮是否脱槽，右臂不慎被该组边托轮卷入，臀部坐于胶带机架上，背部紧靠在胶带的反面，7：45左右，接班职工发现杜某后，速将其送往医院，经抢救无效死亡。

B　直接原因

该职工检查设备时违反本岗位安全规程中有关"严禁接触设备运转部位"的规定，在胶带运行时，违章用手触摸托轮是导致事故发生的直接原因。

C　间接原因

（1）该职工安全意识不强，对作业的危害辨识不足；作业时图省事麻痹大意，自我防护能力差。

（2）单位对职工的安全教育培训不到位，对违章查处制止不力，考核不严。

［案例3］　胶带伤害事故

A　事故经过

2004年2月18日6：56，某烧结车间劳务派遣工孙某在处理一混-1胶带机改向轮处积料时，翻越安全护栏，到胶带下面撮料，铁锹卷入改向轮，因未及时松手，被带入胶带与改向轮之间受到挤压，经医院抢救无效死亡。

B　直接原因

该职工严重违章，擅自翻越安全护栏，冒险作业导致被挤压死亡。

C　间接原因

（1）该职工安全意识差，缺乏必要的安全操作技能，对周围作业环境的危险因素辨识不清。

（2）用工单位及劳务派遣单位对劳务派遣用工安全教育培训不到位。

（3）用工单位对违章行为的查处不力。

［案例4］　电动翻板伤害事故

A　事故经过

2005年5月16日1：50，某烧结车间成品胶带工李某同岗位工人何某、陈某一起到现场处理烧210翻板故障时，在处理过程中，何某将翻板操作开关置于中央远程位置（自动状态），李某在未停电的情况下用右手对接极限信号时，翻板液压推杆突然动作，将其右手挤压在拐臂与液压推杆之间，造成右手桡骨骨折。

B　直接原因

（1）李某在未停电的情况下用手对接翻板极限信号，翻板液压推杆自动动作，将其右手挤压造成桡骨骨折。

（2）作业人员操作配合不当，何某错误地将翻板开关置于自动位，计算机接收到极限信号时自动动作。

C　间接原因

（1）该职工安全意识不强，对作业的危害辨识不足；作业时麻痹大意，自我防护能力差。

（2）联保互保不到位，另外两人发现李某违章未及时制止。

（3）单位对职工的安全教育培训不到位，对违章查处制止不力，考核不严。

6.6.2　高处坠落

高处坠落指处于 2 米以上的高处作业的人员因某种原因发生坠落导致的伤害。

[案例 1]　高处坠落事故

A　事故经过

2014 年 10 月 17 日 14 时 20 分，某烧结车间临时检修处理机头电场破洞问题，15 点 20 分送电后准备组织生产，15 时 30 分左右，电除尘运行异常，车间实习环保技术员左某与环保机械维护人员胡某和电气维护人员管某一起进入机头电除尘器高压柜格栅栏内检查。16 时 05 分，管某检查确认是 Ye523 电场接地，左某叫管某先行离开后与胡某继续检查。16 时 15 分，左某离开机头电除尘器高压柜，走到高压柜旁边的闲置走台，边走边用对讲机与中控室联系，因走台铁板局部腐蚀垮塌，左某从走道（距地面约 3.5 米）上坠落地面导致脚跟骨折。

B　直接原因

左某本人安全意识不强，对闲置走台腐蚀危害辨识不足，且边行走边使用对讲机，对不熟悉的现场走道未进行安全确认。

C　间接原因

（1）左某本人违反《进入电除尘系统围栏巡检管理规定》，违规进入机头电除尘器高压柜格栅栏内检查。

（2）现场隐患排查整治工作开展不彻底，现场存在安全隐患。

（3）车间对职工的安全教育培训不到位。

[案例 2]　高处坠落事故

A　事故经过

2002 年 4 月 25 日上午某检修单位对某烧结车间旧厂房进行爆破拆除，安排焊工马某和彭某到 15 米横梁上切割上方爆破后遗留的梁柱头，马某作业时将安全带挂设在 15 米横梁上方曾经用于加固吊架的铁丝扣内。在切割第四根 ϕ28 螺纹钢筋后，残留的梁柱头轻微晃动，触及旁边砖墙，砖墙晃动导致马某站立不稳，挂设安全带吊钩的铁丝绷开，马某从 15 米高处坠落至 10 米平台上，15 米横梁上的砖墙散落，击伤其头部致其死亡。

B 直接原因

（1）马某在切割螺纹钢筋时，残留的梁桩头晃动触击旁边砖墙，砖墙晃动导致马某站不稳，同时垮塌的墙砖击伤其头部。

（2）马某作业时安全带挂设点选择不当、不牢固，用于挂设安全带吊钩的铁丝绷开。

C 间接原因

（1）本项目拆除施工方案制定不具体，未辨识墙体松动的危害因素。

（2）施工现场安全管理力度不够，作业过程监护不力，马某在危险区域作业过程中，配合作业人员未认识到其工作的危险性，对安全带的挂设点是否可靠未进行安全确认，安全联保对子未发挥监督作用。

（3）单位对职工的安全培训和教育不到位，少数职工的安全意识和自我防范技能差。

[案例3] 高处坠落事故

A 事故经过

2002年9月28日上午8时30分左右某钢铁厂炼铁厂设备部专检员李某离开专检站到达现场，按常规检查线路进行检查。11时05分时，另一专检员陈某路经三高炉炉基时，听到"啊"的一声和物体落地声，经查看未发现任何人。11时15分左右，修建公司一公司的职工周某到热风炉炉基处关乙炔阀门，发现有一个人面部朝地趴着，经询问，趴着的人说"是炼铁厂的"。周某迅速向三高炉主控室报告，主控室的人员立即赶赴现场组织抢救，并向调度室报告。李某经抢救无效死亡。

B 直接原因

李某安全意识不强，在三高炉热风炉检查炉皮焊缝过程中，违反炼铁厂设备部专检站管理制度第11条"进入2米以上高空检查，必须回站取安全带，并同检修车间或岗位人员一起到现场检查。"在未按规定佩挂安全带情况下，违章将木板搭设在原修建公司一工程处焊接临时工作平台的焊管支点上，因焊点脱焊，平台垮坍导致李某从13米高处坠落。

C 间接原因

（1）修建公司一工程处现场施工负责人刘某布置安排工作后对焊点质量检查不力，焊工刘某责任心不强，在9月26日焊补三高炉热风炉炉皮焊缝施工临时平台时，未按安全要求搭设平台，未及时"三清退场"并对焊管支点焊接面和质量确认不够。

（2）炼铁厂设备部对换岗职工的安全教育针对性不强，"联保互保"制度没落实到位。

（3）炼铁厂对少数职工作业过程中的不安全行为监督不力，管理不到位。

[案例4] 上下楼梯跌伤事故

A 事故经过

1978年11月19日18时05分，某烧结厂除尘车间除尘工余某在25m²电除尘器高压控制室接班后，准备到现场进行放灰作业，下室内楼梯时不慎滑倒坠落，头部着地当场死亡。

B 直接原因

余某安全意识不强，行走时未手扶栏杆上下楼梯。

C　间接原因

（1）余某注意力不集中，且未按要求穿好工作鞋。

（2）单位对职工的安全教育培训不到位，对违章查处制止不力，考核不严。

（3）现场未设置明显的安全警示标志。

6.6.3　起重伤害

起重伤害是指起重设备在起重作业过程中发生的对人体的伤害。主要有以下几种类型：

（1）物击型。指吊具或吊荷坠落或摆动伤人。

（2）倒塌型。指吊荷放置不稳倒塌或因吊荷、吊具等摆动及其起落时振动，起重作业时碰撞而引起原堆置物倒塌伤人。

（3）倾覆型。指起重设备在起重作业中倾翻伤人。

（4）机械伤害型。指起重设备或其机械部件伤人（包括行车挤压伤人）。

（5）坠落物。指人员于起重设备运行中上下车坠落，或挂吊工在高处进行起重作业过程（含处理起重中发生的故障）中坠落。

（6）触电型。指起重设备司机或起重工在起重作业中触及带电部位而引起伤害。

（7）灼烫型。指被起吊的灼热物件接触人体，引起灼烫伤害。

（8）其他类型。指起吊作业中钢绳夹手、撬杠松脱伤人等。

［案例1］　起重伤害事故

A　事故经过

1986年9月2日2时15分，某烧结厂原料车间职工桂某在更换二库1号吊车钢绳过程中，由于未采取停电措施，吊车工误碰提升控制器，致使抓斗突然上升，导致正在抓斗上更换钢绳的桂某从高处坠落，头部触地，经抢救无效死亡。

B　直接原因

桂某在更换钢绳作业中未停电，在抓斗上方作业时未佩挂安全带。

C　间接原因

（1）吊车工精力不集中，误碰提升控制器。

（2）单位对更换吊车钢绳作业各项安全措施落实不力，对职工的教育培训不到位。

［案例2］　起重伤害事故

A　事故经过

1992年9月15日上午10时30分，某烧结厂机修车间架工胡某在更换4号烧结机清扫器作业中，在指挥15吨桥式吊车起吊旧清扫器时，连启动三次未吊起。在第四次起吊时发现钢绳断股，胡某停止起吊。在更换钢绳时，清扫器移位下滑，将胡的双足卡伤，造成左脚断离的重伤事故。

B　直接原因

胡某发现吊不动且钢绳断股后，对起吊物会移位的危险估计不足且站位不当。

C　间接原因

（1）作业人员对现场起吊物连接固定点未仔细确认是否完全脱离就盲目起吊。

（2）对现场作业环境的复杂性缺乏足够的认识，安全监护措施和配合协调不到位。

（3）单位对职工的安全培训和教育不到位，少数职工的安全意识和自我防范技能差。

［案例3］ 起重伤害事故

A 事故经过

2000年2月8日14时25分左右某钢铁厂起重甲班的苏某、肖某、王某3人在26线使用9~4号桥吊卸高线线材，苏某、肖某两人各执一根钢丝绳头分别钻进车箱底层堆码的两垛盘圆之中穿钢丝绳，王某则站在线材卷上指挥。桥吊边落钩，苏某和肖某边往线材盘圆筒内穿绳，由于平衡挂梁底部被车皮内上层堆码的高线线材盘圆上部顶起，造成平衡挂梁与桥吊之间连接的主挂钩脱落。平衡挂梁向东倾倒，将站在车箱内边缘的王某的头部、胸部砸伤，送医院抢救无效死亡。

B 直接原因

王某的安全技术素质差，指挥桥吊落钩时注意力不集中，眼睛未注视吊钩的落钩高度，只向桥吊司机下达了"落钩"指令，由于落钩过度，平衡挂梁下部被车箱内上层堆码的高线线材盘圆上部顶起，而全然不知，致使平衡挂梁被顶起后与桥吊主钩脱离，平衡挂梁失去约束后倾倒。

C 间接原因

（1）王某指挥桥吊时站位不当，不应站在平衡挂梁端部及侧部。

（2）安全联保、互保不落实，苏某、肖某对刚调换工种从事起重特种作业仅4个班次的徒工王某指导、提醒不够，未及时制止王某的违章作业。

（3）各级管理人员安全意识差，对曾发生过平衡挂梁单边脱钩的危险性认识不足，未及时消除事故隐患。对新转岗的学徒未落实师徒合同，导致转岗人员擅自违规作业，从而酿成事故。

［案例4］ 起重伤害事故

A 事故经过

1983年5月5日9时35分，某烧结厂某烧结车间看火工董某在一系列吊炉箅子时，因载炉箅子的筐子摆动大，为防止撞击其他物体，用手扶住正在起吊的钢丝绳，在吊钩靠近手部时没及时松开，手和手套一起被钢绳带入滑轮槽，左手拇指被切断，造成重伤事故。

B 直接原因

董某违反起吊作业相关安全规定，存在手扶钢绳等违章操作行为。

C 间接原因

（1）起吊物品摆动幅度过大，与吊车司机配合不到位、吊车司机没有注意起吊情况有关。

（2）单位对职工的安全教育培训不到位，存在习惯性违章行为。

6.6.4 物体打击

物体打击指落物、滚石、锤击、破裂、崩块、砸伤等伤害，但不包括爆炸（放炮、火药爆炸、瓦斯粉尘爆炸、其他爆炸）引起的物击。本节锤击是指手动工具打击。

物体打击大致可分为两类：飞来物打击、手动工具打击。

[案例1]　物体打击伤害事故

　A　事故经过

2005年5月9日7：00左右，某钢铁厂球团厂焙烧工段Z3皮带压矿，工段组织清矿后发现该皮带烧损严重需要更换。工段长柴某请示了副厂长李某后决定更换该皮带。19：00左右，在松动皮带拉紧螺杆时发现，该螺杆锈蚀严重，无法松动。24：00左右，工段设备主管铁某与聂某去选矿厂找皮带拉紧螺杆，回来后发现尺寸不对无法使用。随后，铁某到工段库房找到一根链箅机轴，割为1.2米的两截，带上工段职工尹某去机电车工班加工皮带拉紧螺杆。10日5：25左右，铁某被飞出来的铁屑打中左眼。尹某急忙找人通知球团厂主控室和联系车辆，约5：55左右把铁某送往医院。

　B　直接原因

铁某开动他人设备，在加工皮带拉紧螺杆时没有戴防护眼镜，造成眼睛被飞出的铁屑打伤是事故发生的直接原因。

　C　间接原因

（1）铁某在1989~1993年期间曾是车工。从1998年以后岗位发生了变化，不再是车工。在事故发生前，工段长明知铁某前去加工拉杆也没有及时制止，是造成事故发生的间接原因。

（2）球团厂安全管理松懈，在推行标准化作业、安全监督管理、职工安全教育上不严不细，也是造成事故发生的重要原因。

[案例2]　物体打击伤害事故

　A　事故经过

1978年7月18日14：20，某烧结厂烧结车间皮带工曾某在进入4号大烟道内清理废旧炉箅条时，左手被从上边掉下的烧结机挡板砸伤。

　B　直接原因

（1）检修时对交叉作业时的安全管理不到位，在上方烧结机检修未完时未采取必要的安全防护措施而进入大烟道清理炉箅条。

（2）伤者在作业前对现场危险因素未进行预知判断，自我防护意识不强。

　C　间接原因

（1）车间安全管理不规范，未对交叉作业进行严格管理。

（2）没有及时清除可能滑入大烟道的物品。检修时没有及时对磨损的风箱末端防护网进行焊补。

[案例3]　物体打击伤害事故

　A　事故经过

2005年6月7日9：20，某烧结厂原料车间硫化工张某在更换原2-1皮带作业时，张某带领两名职工在水泵房屋顶接好滑轮后留在水泵房顶指挥叉车牵引皮带配重，牵引过程中转向滑轮的钢绳突然崩断，牵引钢绳打击到正在弯腰指挥叉车的张某。张某随即从4.5m高的房顶坠落，发生一起右小腿、右手等多处骨折的重伤事故。

　B　直接原因

（1）伤者在指挥时的站位不当，不应站在牵引钢绳与滑轮之间的危险区域内。

（2）缺乏架工知识，固定转向滑轮的钢绳没有锁紧并未垫胶皮，钢绳拉紧后向前滑动时在工字钢梁的锐角上磨损崩断。

C 间接原因

（1）作业方案不合理，不应该使用叉车牵引的方式来提皮带机的配重。

（2）车间和工段的安全管理和对职工的安全培训不到位，职工的安全意识和安全技能欠缺。

[案例4] 物体打击伤害事故

A 事故经过

1970年11月24日，某烧结厂某原料车间翻车机司机王某在吊车下方处理钢绳掉道时，精矿结块垮下打中颈部，滑落到3米深矿槽撞伤头部，发生轻伤事故。

B 直接原因

王某对生产设备及作业现场环境的状态未充分认识，对设备上的结块可能掉落的危险因素没有辨识到位，没有采取有效的防护措施。

C 间接原因

（1）车间和工段对职工的安全管理和培训不到位，职工的安全意识和安全技能欠缺。

（2）车间和工段对处理钢绳掉道的预案不完善。

6.6.5 中毒与窒息

中毒指生产性毒物一次或短期内通过人的呼吸道、皮肤或消化道大量进入体内，使人体在短期内（一般不超过一个工作日）发生病变，导致工作立即中断，并需进行急救甚至导致死亡的事故。

窒息是指人体肺部不能充分吸入空气，或不能把体内产生的二氧化碳气体排出体外而引起的伤害，包括内窒息（吸入体内的空气中氧含量偏低而引起的）和外窒息（呼吸道受阻而引起的）。

[案例1] 中毒伤害事故

A 事故经过

2006年11月5日，某烧结厂烧结作业区60m² 烧结机检修接近尾声，按要求组织点火烘炉，18：20开始烘炉。因施工方没有及时对助燃风机阀门进行修复，岗位人员没有及时停止点火，造成没有充分燃烧的煤气积聚，倒流的煤气从助燃风机室进入相邻的电工值班室，导致电工值班室7人不同程度中毒。

B 直接原因

设备存在故障时，岗位人员未按操作规程及时停止烘炉作业，存在违章行为。

C 间接原因

值班电工自我防范意识不强，煤气检测仪处于关闭状态，没有及时发现撤离，使事故扩大。

[案例2] 窒息伤害事故

A 事故经过

2008年9月10日11：00时，某公司5名员工到该厂测量抽风机管道维修工程量，至15：00时，岗位人员巡检发现抽风机管道检查口开着，将管道中躺着的5人抬出，送医院抢救无效死亡。

B　直接原因

测量工作量的人员违反《缺氧危险作业安全规程》，进入现场前未按照通风、检测、监护的规定，违章进入缺氧危险作业场所。

C　间接原因

企业安全生产的属地管理责任落实不到位，没有对测量人员进行有效的安全监护管理。

[案例3]　中毒伤害事故

A　事故经过

2007年元月11日8：30，某钢铁公司炼铁厂7号高炉休风，放散阀打开，10：40左右，撵完煤气，炉顶点火完毕。因三天前点检设备时发现受料斗有漏风现象，于是11：00左右，炼铁厂设备专检员陶某与兴达保产人员吴某、姚某3人到7号高炉67米平台检查受料斗衬板磨损情况，陶某打开受料斗上部的人孔门进入受料斗后，感觉四肢无力，呼吸困难，即向上面人员呼救，吴某立即进入受料斗施救，在力图把陶某托出受料斗时，也昏倒了，站在外面接应的姚某随即呼喊附近人员施救，抢救人员下到63米平台，打开受料斗检修人孔，将二人救出，并进行人工呼吸。11：50左右，陶某、吴某二人被送往武钢医院急救，吴某因抢救无效于11日13：30左右死亡，陶某因中毒过深，经医院全力抢救无效，于13日10：30左右死亡。

B　直接原因

（1）炼铁厂设备专检员陶某和兴达公司维护人员吴某、姚某违反操作规程，上高炉炉顶未携带CO检测仪；陶某在进入7号高炉受料斗前，既没有按安全作业指导书的要求将受料斗检修人孔门打开，也没有对料斗内部进行CO含量的检测、确认，便贸然进入受料斗，造成煤气中毒。

（2）兴达公司吴某因施救不当造成事故扩大。

C　间接原因

（1）炼铁厂设备部安全管理工作薄弱，对设备专检人员的安全教育、联保互保不落实，对设备保产单位监督管理、设备检修安全措施落实不到位。

（2）兴达公司对维护人员安全教育、煤气防护基本知识培训不够，紧急情况下应变能力差。

6.6.6　触电伤害事故

触电伤害事故指电流对人体的伤害事故，包括电击和电伤两种情况，但不包括起重过程中的触电事故。

[案例1]

A　事故经过

1975年7月2日15时20分，某烧结厂电除尘工张某处理55m² 电除尘器电场故障，在进入电场前办理了停电手续，但高压室未挂警示牌，也未用接地钳将电场接地。电工在电磁站内处理完电气问题后，没有检查确认就对电场送电试车，张某被高压电击倒，造成左肩胛骨折，手脚多处烧伤。

B 直接原因

电工在处理完电气问题后，没有检查确认供电牌就贸然对电场送电，导致张某被电击。

C 间接原因

（1）电工未严格执行停、送电制度，没有在高压合闸开关上挂警示牌。

（2）张某安全意识和安全技能薄弱，违反电除尘器检修作业安全规程，进入电场前未用接地钳对电场接地放电。

（3）该厂安全管理不善，对职工安全教育不够，对违章查处不力，导致安全制度未得到严格执行。

[案例2]

A 事故经过

1981年4月7日9时35分，某烧结厂电除尘工傅某在60m²B组电除尘器顶部检查设备时，将高压电源的保温箱盖板打开，站在离电源0.8米处观看内部情况，无意间用手指了一下高压电源。由于电除尘器运行时工作电压高达5～6万伏，电源接点与手指头之间产生高压尖端放电，将傅某当场击倒，导致轻伤。

B 直接原因

傅某对高压用电知识不熟悉，手指与高压电源距离过近产生高压尖端放电，导致被电击。

C 间接原因

（1）现场存在安全缺陷，高压电源没有设置安装隔离装置，人员与设备没有足够的安全距离。

（2）单位对职工安全教育培训不到位，导致职工安全技能薄弱。

[案例3]

A 事故经过

2008年8月12日，某炼铁厂原料车间岗位人员付某向值班电工反映4号高炉33号皮带照明不亮。电工班长许某安排班员徐某和丁某一起去处理。9：40左右，二人向操作工问明情况后到现场处理，丁某在地面监护，徐某爬上离地面高约3米的作业平台检查照明线路，用左手拿住电线一端，在用右手剥开电缆接头检查时不慎触电，左手握住电线靠倒在铁质防护栏上。丁某发现后立即在现场找到一根竹片将电线拨开，通知操作工切断电源开关后，与附近人员一起将徐某从平台上救下来，对其进行紧急施救后送医院抢救。11：35，徐某经医院抢救无效死亡。

B 事故原因

徐某站在铁制平台上对照明线路进行检查处理，在剥开电缆接头时触碰到带电电线头，导致被电击。

C 间接原因

（1）徐某安全意识薄弱，在没有确认电线是否有电、也未采取有效的防护措施的情况下冒险作业。

（2）徐某未提醒丁某确认线路是否有电，作业联保互保未落实到位。

（3）该厂小型检修作业安全管理不到位，作业危险因素分析和安全交底未落实，班组基础工作不牢固，对职工安全教育不到位。

6.6.7 车辆伤害

车辆伤害指各类车辆在生产过程中对人造成的各种伤害。考虑到前后一致性，自行式起重设备在起重过程中的倾覆伤害不属车辆伤害。

车辆对人体的伤害形式一般包括：

1）行人被车辆碾伤。

2）行人被车辆撞挤。

3）刹车时货物移动伤人。

4）人员于车辆行驶途中上下车或在车上走动被摔伤或碾伤。

5）车辆相撞时车上人员被伤害。

6）翻车伤及车上人。

[案例1]

A 事故经过

2005 年 7 月 27 日 10 时 40 分左右，某矿业公司 1 号内燃机顶推 10 辆装满精矿粉的矿车准备装船，推进至 3 号码头漏斗前弯道处，站在位于列车最前端的 14 号矿车脚蹬上的调车员李某下车。此时 14 号矿车距停在 3 号码头漏斗上装满精粉矿的 12 号矿车约 16 米。李某给司机打了说明距离的信号，并指挥车辆慢速推进准备挂车。此时，丁某站在漏斗边距 12 号矿车约 2 米处，李某叫丁某看是否能挂上，丁某看到 12 号矿车挂钩位置偏，难于与 14 号矿车顺利对接，就向李某摇头，并上前用右脚蹬 12 号矿车挂钩，但一脚蹬滑，此时 14 号矿车刚好顶进，将丁的右脚挤在两车挂钩之间，造成右足毁损。

B 直接原因

丁某在车辆行进的情况下，直接用脚蹬踏车辆的连接挂钩，是导致此次事故的直接原因。

C 间接原因

（1）调车员李某协调组织此次挂钩作业不力，指使非调车人员从事挂钩作业。

（2）丁某作为非调车人员，缺乏必要的操作技能，违规从事挂钩作业，而且在车辆行进中脚蹬挂钩，自我防护能力差。

（3）该单位安全管理松懈，安全教育不到位，致使部分职工安全意识淡薄，违章冒险作业。

[案例2]

A 事故经过

2005 年 3 月 31 日 2 时 50 分，某钢铁厂运输部编组站甲班进行列车编组作业。当车列由原 8 道向北运行约 320 米时，站在机车南端走台处的调车员李某误碰无线电调车手机停车信号按钮，乘务员接到停车信号后随即采取紧急制动措施停车。在车列制动过程中，连接员刘某（男，33 岁）自本车与前一车的空当处坠落，右足被车轮轧伤。停车后，调车员李某在没有与连接员刘某联系的情况下，再次给机车启动信号，指挥车列回编组站 3 道。刘某被轧伤后，向南爬行约 100 米，被编组站货运人员发现并电话通知编组站调度，此时约为 3 时 20 分，有关人员接到事故报告后迅速赶往事故现场将李某送往医院救治，经论断，李某外伤致右足毁灭伤，牙齿缺损，急诊在右小腿踝关节以上行截肢术。

B　直接原因

（1）连接员刘某在作业过程中，精神不集中，在听到停车信号3～4秒后，仍未采取有效的防坠落措施，违反了调车工（连接员、制动员）岗位《安全技术操作规程》关于"上车后应抓紧站稳"的规定，没有抓紧站稳。

（2）编组站对无线电调车手机的使用没有严格要求，李某工作中误碰无线电调车手机停车信号按钮，导致车列紧急停车。

C　间接原因

（1）编组站对职工的安全教育针对性不强，紧急停车情况下，职工的应急处理能力不够。

（2）班组安全交底不到位，联保互保制度执行不彻底。

6.6.8　灼烫

灼烫指火焰或其他高温物体及强腐蚀性化学品对人体的灼伤，但不包括火灾及起重过程中的灼烫，也不包括电弧灼烫。

[案例1]　灼烫伤害事故

A　事故经过

1974年11月4日14：15，某烧结车间单辊破碎机工郭某等六人在处理4号热矿筛进口漏斗堵料时，直接进入热矿筛内用水冲的方式清理堵料，烧结矿垮塌时大量的蒸汽喷出，造成六人烫伤，其中郭某、付某重伤。

B　直接原因

在处理单辊溜槽堵料时，打水产生大量蒸汽，使槽内压力增大，堵料散裂瞬间，气浪夹杂红料向四周喷溅将作业人员烫伤。

C　间接原因

（1）作业方案不合理，危险辨识不足，采取人直接进入热矿筛内用水方式处理单辊溜槽堵料，堵料垮下时由于空间受到限制，给作业人员疏散带来不便。

（2）安全教育培训不到位，作业人员安全意识淡薄。

[案例2]　灼烫伤害事故

A　事故经过

2000年9月18日20：50，某烧结车间看火工胡某到烧结机岗位巡检时听到漏风声音较大，于是胡某走到烧结机料面进行详细检查，发现是掉炉算条抽洞所致。因抽洞周围料面疏松，胡某靠近抽洞时不慎滑倒，右脚掉入有高负压、高温的台车空当中，造成右小腿肌肉挤伤和烫伤。

B　直接原因

该职工危险辨识不足，站在料面抽洞旁检查，因料面疏松，滑倒跌入高温且运行的台车空当中。

C　间接原因

（1）安全教育培训不到位，该职工安全意识淡薄，自我防护能力差。

（2）联保互保制度未落实，相关人员现场监管不力。

［案例3］　灼烫伤害事故

A　事故经过

2005年1月7日某钢铁公司炼铁厂一高炉丁班零点开完班前会后接班并开展KYT活动，1：50出第一次铁，打开铁口后开始下渣，放第四罐渣时，大组长李某看见朱某在炉前休息室门口，便叫朱某下去看罐，朱某下去察看并给第四罐罐底外部打水冷却，第四罐快放满时，炉内联系提罐放第五罐，朱某给提到四罐位的第五个渣罐打上水后，便从炉前天井上来，走到下渣第四罐位人行走桥处背对渣罐烤火取暖。3：05左右，第五个渣罐在放了约20吨红渣时突然放炮，将朱某烧伤，朱某躲避时左脚踩在红渣上滑倒，右手触地被"红渣"二次烧伤，造成全身多处Ⅱ度—Ⅲ度烧伤，烧伤面积达75%。

B　直接原因

（1）大组长李某、下渣负责人方某对渣罐内的潮渣情况判断不准，对存在的危险因素估计不够，只采取了丢泥套泥等简单处理措施，未采取丢氧气管排气等措施，导致渣罐放炮。

（2）伤者朱某思想麻痹，站在危险区域烤火取暖。

C　间接原因

（1）西侧人行走桥无挡渣板，南侧人行走桥安装了挡渣板，但挡渣板与柱子之间有缝隙，挡渣板下部装打水管时割了一孔未恢复，安全设施存在隐患。

（2）铁口班KYT活动不认真，对现场存在的危险因素查找不全，互保对子方某明知渣罐有潮渣，存在放炮的危险，没有提醒朱某离开危险区域，KYT活动不规范和互保对子没有发挥应有作用是造成此次事故的管理原因。

（3）厂《渣、铁罐维护使用以及炉下事故管理实施细则》《下渣岗位规程》不完善；车间对班组和职工的管理、教育不够，对隐患的查找不力，是造成事故的又一管理原因。

［案例4］　灼烫伤害事故

A　事故经过

2006年1月20日中班，某烧结厂机修车间钳工张某、谢某对某车间二次混合机减速机临时检修。检修减速机时其内置喷油装置未停，由于减速机轴承伤损发红形成局部高温，导致减速机内部油气聚集，形成压力过高。张某、谢某在拆卸减速机单盖时油气产生喷爆，飞溅出的油造成张某手臂烫伤。

B　直接原因

张某、谢某在检修作业时对减速机存在的危险因素估计不够，未采取停止供油及冷却等措施，导致高温油气喷爆，造成张某手臂烫伤。

C　间接原因

（1）作业方案不合理，危险辨识不足。

（2）安全教育培训不到位，作业人员安全意识淡薄。

6.6.9　坍塌

坍塌指某些物体倒塌、下陷而引起的伤害。

［案例1］　坍塌伤害事故

A　事故经过

2008年10月26日16时，某烧结车间安排清理配料室C5铁料矿槽黏结料，17：00

左右，甲班负责人胡某安排配混小组副组长孙某到中控办理了 C5 圆盘及电子秤小皮带的停电手续。随后，在开完工前会后，胡某、孙某、舒某、张某四人陆续将作业工具搬到槽上，并将风镐绑扎好，将软梯放入槽内。17：30 清除矿槽积料作业开始，胡某、张某沿软梯下入到 −2m 的矿槽内，胡某负责打风镐疏通槽壁黏料，张某负责照手电筒，舒某在槽上负责监护。18：10 左右，张某站立处的粉料发生垮塌，将其迅速带入槽体下部淹埋（矿槽深约 8m，积料重约 20t）。现场人员立即用对讲机通知全班人员赶赴现场挖料施救，维护人员接中控通知立即赶赴现场割槽体放料，现场人员及时将张某从积料中救出并送往医院急救。经医院全力救治无效，张某于当晚 20：45 左右死亡。

　　B　直接原因

负责人胡某组织张某、舒某等人处理 C5 矿槽黏结料时，先指挥将 20t 左右粉料装入矿槽作为疏通槽壁黏料作业平台，处理矿槽黏料作业时，未执行烧结厂《安全操作规程》中关于"清除矿槽积料作业安全规定"第 1 条："作业前必须接好安全照明，准备好下矿槽的梯子和安全带"；第 6 条："进入矿槽作业，要站在垫板上防止下陷，戴好安全带"的规定，未垫垫板、未佩戴安全带。当胡某、张某沿软梯下入到 −2m 的槽内，站在粉料上清理黏结料时，胡某负责打风镐疏通槽壁黏料，张某在旁边配合用手电筒提供照明，清理过程中，张某站立处的粉料发生下陷、垮塌，将其迅速带入槽体下部埋没，是导致此次事故发生的直接原因。

　　C　间接原因

　　(1) 作业人员对危险因素辨识不足，未采取有效的防护措施，作业联保互保监护不力。

　　(2) 安全管理工作落实不够，车间、班组对清理矿槽黏结料作业管理不到位，反"三违"查处不力。

[案例2]　坍塌伤害事故

　　A　事故经过

2002 年 7 月 30 日，某烧结车间检修，混合料组职工桂某参加挖混合机筒体内壁黏结料，13：15，桂某在用洋镐挖筒体侧边时，一黏结料块垮下，桂某躲闪不及被料块冲击撞伤大腿侧边。

　　B　直接原因

　　(1) 挖料作业时危险因素辨识不足，安全措施不到位，挖料作业方式欠妥。

　　(2) 职工个人安全意识及自我防护能力差，对垮料危害认识不足。

　　C　间接原因

　　(1) 虽然开展了工前五分钟活动，制定了联保互保对子，但在作业过程中作业负责人和监护人对作业过程缺乏安全监督。

　　(2) 车间对危险作业管控不到位。

[案例3]　坍塌伤害事故

　　A　事故经过

2010 年 5 月 20 日下午，某烧结厂混匀车间计划于 5 月 21 日进行 3 号圆盘检修，并安排当日夜班当班班组对 3 号圆盘进行清理，为检修做准备。5 月 21 日 5：10，3 号圆盘生产完成后停机，班组长安排配料工黄某、余某对 3 号圆盘盘面进行积料清理。在办理完停电手续后，5：35 余某钻入 3 号圆盘排料口处理积料时，槽壁上的残存的积料垮塌，将余某砸伤，现场人员立即进行施救，6：10 余某送医院抢救无效死亡。

B　直接原因

余某进入配料槽圆盘时，未确认槽内是否有积料，未对槽内安全状况进行确认，钻入 3 号圆盘排料口处理积料时，因作业将槽体内壁黏料松动，积料垮塌将余某砸伤。

C　间接原因

（1）作业时危险因素辨识不足，安全措施不到位，挖料作业方式欠妥。

（2）职工安全意识淡薄，没有按照安全作业指导书要求作业，习惯性作业没有杜绝。

（3）车间、班组安全生产责任制落实不够，生产中出现安全管理失控现象。

6.6.10　其他爆炸

其他爆炸指除放炮、火药爆炸、瓦斯爆炸、锅炉压力容器爆炸以外的爆炸事故，主要包括以下几种情况：化学爆炸；炉膛、钢水包、铁水包爆炸；粉尘爆炸。

[案例]　其他爆炸伤害事故

A　事故经过

2005 年 7 月 14 日，某烧结厂球团车间计划 14：00 左右对球团回转窑的辅助烧嘴进行点火烘炉，当班值班工长陈某负责组织工作，布置了链箅机、回转窑岗位工点火前的具体工作内容及各项注意事项，并向厂调度作了点火申请。14：15 负责监护工作的车间安全员花某亲自对回转窑中央烧嘴的所有阀门状态进行了检查，确认无误后，要求回转窑岗位工做好点火准备工作，接着岗位工用氮气对煤气管道进行 20 分钟吹扫。随后花某向安全部门负责人覃某申请是否可停止氮气吹扫，覃某同意后，回转窑岗位工李某、谭某拆除氮气管，排煤气水封的水，然后将总管煤气主阀门开至 15%。15：20 主抽风机启动，主抽风门开度为 15%，主抽风机显示风量 8～9 万立方米/h。煤气放散时间约为 20 分钟后，15：30 陈某又再次向厂调度室要求点火，厂调度室同意后，花某、莫某两人就在点火把上擦黄油以备助燃，15：35 开始点火，约 40 秒钟未见点燃，突然窑内传出爆炸声，一团气体夹着粉末从窑口窜出，在窑头附近的车间书记彭某、回转窑岗位工李某、配料岗位工莫某三人被不同程度灼伤。

B　直接原因

因回转窑主烧嘴前的煤气管道上三道阀门（手动阀、电磁式煤气安全阀、煤气调节阀）均存在质量问题，导致不同程度的泄漏，大量煤气通过主烧嘴泄漏到窑内，被抽至链箅机预热段，形成爆炸性混合气体是发生煤气爆炸的直接原因。

C　间接原因

（1）回转窑岗位工李某点火时从窑头门人孔伸入火把，并站在窑头门口点火，彭某、莫某在点火时站在窑头门口观察点火操作，站位不当，是发生煤气爆炸后造成人员受伤的间接原因。

（2）煤气管道上的眼镜阀安装的位置不便于操作，岗位工无法使用，存在设计缺陷。

6.6.11　其他伤害

其他伤害指上述事故中所不能包括的事故，主要有跌伤、刺割、摔伤、扭伤、冻伤、野兽咬伤等。

[案例] 其他伤害事故

A 事故经过

1990 年 7 月 20 日某烧结厂烧结车间停机检修,负责该区域维保的五名电工,在班长的带领下,对该车间电磁站进行维护检修,分别对每台电控柜进行清扫和螺丝加力。电工张某在对松动螺丝加力过程中,不慎将一铁片接触到邻相电源上,检修完毕,大家未认真仔细检查就回班。下午 12 点 40 分,值班电工陈某去送电,核实停电牌无误后,但未进行验电确认,就直接送电,随即电控柜发生放炮,将陈某右手胳膊烧伤。

B 直接原因

(1) 值班电工在送电过程中,没有进行先确认再送电的要求,电控柜发生放炮,导致事故发生。

(2) 维护电工在检修作业中不慎将一铁片接触到邻相电源上,设备检修完毕,没有认真地进行检查。

C 间接原因

车间的安全管理和安全培训不到位,职工存在习惯性违章作业的行为。

7 烧结安全生产标准化建设

7.1 企业安全生产标准化概述

企业安全生产标准化是指通过建立安全生产责任制，制定安全管理制度和操作规程，排查治理隐患和监控重大危险源，建立预防机制，规范生产行为，使各生产环节符合有关安全生产法律法规和标准规范的要求，人、机、物、环境处于良好的生产状态，并持续改进，不断加强企业安全生产规范化建设。

企业安全生产标准化建设涵盖了企业安全生产工作的全局，从建章立制、改善设备设施状况、规范作业人员行为等方面提出了具体要求，是企业实现管理标准化、现场标准化、操作标准化的基本要求和衡量尺度；是企业夯实安全管理基础、提高设备本质安全程度、加强人员安全意识、落实企业安全生产主体责任、建设安全生产长效机制的有效途径；是安全生产理论创新的重要内容；是科学发展、安全发展战略的基础工作；是创新安全监管体制的重要手段。

7.1.1 企业安全生产标准化建设进展

2004 年，《国务院关于进一步加强安全生产工作的决定》（国发〔2004〕2 号）提出了在全国所有的工矿、商贸、交通、建筑施工等企业开展安全质量标准化活动的要求，煤矿、非煤矿山、危险化学品、烟花爆竹、冶金、机械等行业、领域均开展了安全标准化建设工作。

2010 年，为了全面规范各行业企业安全生产标准化建设工作，使企业安全生产标准化建设工作进一步规范化、系统化、科学化、标准化，做到有据可依，有章可循，在总结相关行业企业开展安全生产标准化工作的基础上，结合我国国情及企业安全生产工作的共性要求和特点，国家安全生产监督管理总局制定了安全生产行业标准《企业安全生产标准化基本规范》（AQ/T 9006—2010），对开展安全生产标准化建设的核心思想、基本内容、形式要求、考评办法等方面进行了规范，成为各行业企业制定安全生产标准化标准、实施安全生产标准化建设的基本要求和核心依据，对达标分级等考评办法进行了统一规定。

7.1.2 企业安全生产标准化建设作用和意义

企业安全生产标准化建设工作，是落实企业安全生产主体责任、强化企业安全生产基础工作、改善安全生产条件、提高管理水平、预防事故的重要手段，对保障职工群众生命财产安全有着重要的作用和意义。

（1）安全生产标准化是落实企业安全生产主体责任的重要途径。国家有关安全生产法律法规政策明确要求，要严格企业安全管理，全面开展安全达标。企业是安全生产的责任主体，也是安全生产标准化建设的主体，要通过加强企业每个岗位和环节的安全生产标准化建设，不断提高安全管理水平，促进企业安全生产主体责任落实到位。

（2）安全生产标准化是强化企业安全生产基础工作的长效制度。安全生产标准化建设涵盖了增强人员安全素质、提高装备设施水平、改善作业环境、强化岗位责任落实等各个方面，是一项长期的、基础性的系统工程，有利于全面促进企业提高安全生产保障水平。

（3）安全生产标准化是政府实施安全生产分类指导、分级监管的重要依据。实施安全生产标准化建设考评，将企业划分为不同等级，能够客观真实地反映出各地区企业安全生产状况和不同安全生产水平的企业数量，为加强安全监管提供有效的基础数据。

（4）安全生产标准化是有效防范事故发生的重要手段。深入开展安全生产标准化建设，能够进一步规范从业人员的安全行为，提高机械化和信息化水平，促进现场各类隐患的排查治理，推进安全生产长效机制建设，有效防范和坚决遏制事故发生，促进全国安全生产状况持续稳定好转。

7.2 安全生产标准化建设流程

企业安全生产标准化建设流程包括策划准备及制定目标、教育培训、现状梳理、管理文件制修订、实施运行及整改、企业自评、评审申请、外部评审八个阶段。

7.2.1 策划准备及制定目标

策划准备阶段首先要成立领导小组，由企业主要负责人担任领导小组组长，所有相关的职能部门的主要负责人作为成员，确保安全生产标准化建设组织保障；成立执行小组，由各部门负责人、工作人员共同组成，负责安全生产标准化建设过程中的具体问题。

制定安全生产标准化建设目标，并根据目标来制定推进方案，分解落实达标建设责任，确保各部门在安全生产标准化建设过程中任务分工明确，顺利完成各阶段工作目标。

7.2.2 教育培训

安全生产标准化建设需要全员参与。教育培训首先要解决企业领导层对安全生产标准化建设工作重要性的认识，加强其对安全生产标准化工作的理解，从而使企业领导层重视该项工作，加大推动力度，监督检查执行进度；其次要解决执行部门、人员操作的问题，培训评定标准的具体条款要求是什么，本部门、本岗位、相关人员应该做哪些工作，如何将安全生产标准化建设和企业日常安全管理工作相结合。

同时，要加大安全生产标准化工作的宣传力度，充分利用企业内部资源广泛宣传安全生产标准化的相关文件和知识，加强全员参与度，解决安全生产标准化建设的思想认识和关键问题。

7.2.3 现状梳理

对照相应专业评定标准，对企业各职能部门及下属各单位安全管理情况、现场设备设施状况进行现状摸底，摸清各单位存在的问题和缺陷；对于发现的问题，定责任部门、定措施、定时间、定资金，及时进行整改并验证整改效果。现状摸底的结果作为企业安全生产标准化建设各阶段进度任务的针对性依据。

企业要根据自身经营规模、行业地位、工艺特点及现状摸底结果等因素及时调整达标目标，注重建设过程，真实有效可靠，不可盲目追求达标等级。

7.2.4　管理文件制修订

安全生产标准化对安全管理制度、操作规程等要求，核心在其内容的符合性和有效性，而不是对其名称和格式的要求。企业要对照评定标准，对主要安全管理文件进行梳理，结合现状摸底所发现的问题，准确判断管理文件亟待加强和改进的薄弱环节，提出有关文件的制修订计划；以各部门为主，自行对相关文件进行制修订，由标准化执行小组对管理文件进行把关。

7.2.5　实施运行及整改

根据制修订后的安全管理文件，企业要在日常工作中进行实际运行。根据运行情况，对照评定标准的条款，按照有关程序，将发现的问题及时进行整改及完善。

7.2.6　企业自评

企业在安全生产标准化系统运行一段时间后，依据评定标准，由标准化执行小组组织相关人员，开展自主评定工作。

企业对自主评定中发现的问题进行整改，整改完毕后，着手准备安全生产标准化评审申请材料。

7.2.7　评审申请

企业要通过《冶金等工贸企业安全生产标准化达标信息管理系统》完成评审申请工作。具体办法，可与相关安全监管部门或评审组织单位联系，在国家安全监管总局政府网站上完成。企业在自评材料中，应当将每项考评内容的得分及扣分原因进行详细描述，要通过申请材料反映企业工艺及安全管理情况；根据自评结果确定拟申请的等级，按相关规定到属地或上级安监部门办理外部评审推荐手续后，正式向相应的评审组织单位（承担评审组织职能的有关部门）递交评审申请。

7.2.8　外部评审

接受外部评审单位的正式评审，在外部评审过程中，积极主动配合，由参与安全生产标准化建设执行部门的有关人员参加外部评审工作。企业应对评审报告中列举的全部问题，形成整改计划，及时进行整改，并配合评审单位上报有关评审材料。外部评审时，可邀请属地安全监管部门派员参加，便于安全监管部门监督评审工作，掌握评审情况，督促企业整改评审过程中发现的问题和隐患。

7.3　烧结厂安全生产标准化建设考评标准和等级

烧结厂安全生产标准化建设考评标准参照《冶金企业安全生产标准化评定标准（烧结球团）》制定，删除了球团相关内容，适用于烧结厂开展安全生产标准化自评、申请、外部评审及安全监管部门监督审核等相关工作。

烧结厂安全标准化建设考评标准分为 13 项考评类目（A 级元素）和 47 项考评项目（B 级元素），具体考评内容如表 7-1 所示。

表7-1　烧结厂安全标准化建设考评标准表

考评类目	考评项目	考 评 内 容	标准分值	考 评 办 法
一、安全生产目标	目标	建立安全生产目标的管理制度，明确目标与指标的制定、分解、实施、考核等环节内容	2	无该项制度的，不得分；未以文件形式发布生效的，不得分；安全生产目标管理制度缺少制定、分解、实施、绩效考核等任一环节内容的，扣1分；未能明确相应环节的责任部门或责任人相应责任的，扣1分
		按照安全生产目标管理制度的规定，制定文件化的年度安全生产目标与指标	2	无年度安全生产目标与指标计划的，不得分；安全生产目标与指标未以企业正式文件印发的，不得分
	监测与考核	根据所属基层单位和部门在安全生产中的职能，分解年度安全生产目标，并制定实施计划和考核办法	2	无年度安全生产目标与指标分解的，不得分；无实施计划或考核办法的，不得分；实施计划无针对性的，不得分；缺一个基层单位和职能部门的指标实施计划或考核办法的，扣1分
		按照制度规定，对安全生产目标和指标实施计划的执行情况进行监测，并保存有关监测记录资料	3	无安全目标与指标实施情况的检查或监测记录的，不得分；检查和监测不符合制度规定的，扣1分；检查和监测资料不齐全的，扣1分
		定期对安全生产目标的完成效果进行评估和考核，依据评估考核结果，及时调整安全生产目标和指标的实施计划。评估报告和实施计划的调整、修改记录应形成文件并加以保存	3	未定期进行效果评估和考核的（含无评估报告），不得分；未及时调整实施计划的，不得分；调整后的目标与指标以及实施计划未以文件形式颁发的，扣1分；记录资料保存不齐全的，扣1分
二、组织机构和职责	组织机构和人员	建立设置安全管理机构、配备安全管理人员的管理制度	2	无该项制度的，不得分；未以文件形式发布生效的，不得分；与国家、地方等有关规定不符的，扣1分
		按照相关规定设置安全管理机构或配备安全管理人员	2	未设置或配备的，不得分；未以文件形式进行设置或任命的，不得分；设置或配备不符合规定的，不得分
		根据有关规定和企业实际，设立安全生产委员会或安全生产领导机构	2	未设立的，不得分；未以文件形式任命的，扣1分；成员未包括主要负责人、部门负责人等相关人员的，扣1分
		安委会或安全生产领导机构每季度应至少召开一次安全专题会，协调解决安全生产问题。会议纪要中应有工作要求并保存	3	未定期召开安全专题会的，不得分；无会议记录的，扣2分；未跟踪上次会议工作要求的落实情况的或未制定新的工作要求的，不得分；有未完成项且无整改措施的，每一项扣1分
	职责	建立针对安全生产责任制的制定、沟通、培训、评审、修订及考核等环节内容的管理制度	2	无该项制度的，不得分；未以文件形式发布生效的，不得分；制度中每缺一个环节内容的，扣1分
		建立、健全安全生产责任制，并对落实情况进行考核	2	未建立安全生产责任制，不得分；未以文件形式发布生效的，不得分；每缺一个纵向、横向安全生产责任制，扣1分；责任制内容与岗位工作实际不相符的，扣1分；没有对安全生产责任制落实情况进行考核的，扣1分

考评类目	考评项目	考评内容	标准分值	考 评 办 法
二、组织机构和职责	职责	对各级管理层进行安全生产责任制与权限的培训	2	无该培训的，不得分；无培训记录的，不得分；每缺少一人培训的，扣1分；被抽查人员对责任制不清楚的，每人扣1分
		定期对安全生产责任制进行适宜性评审与更新	3	未定期进行适宜性评审的，不得分；没有评审记录的，不得分；评审、更新频次不符合制度规定的，每缺一次扣2分；更新后未以文件形式发布的，扣2分
三、安全投入	安全生产费用	建立安全生产费用提取和使用管理制度	2	无该项制度的，不得分；制度中职责、流程、范围、检查等内容，每缺一项扣1分
		保证安全生产费用投入，专款专用，并建立安全生产费用使用台账	4	未保证安全生产费用投入的，不得分；财务报表中无安全生产费用归类统计管理的，扣2分；无安全费用使用台账的，不得分；台账不完整齐全的，扣1分
		制定包含以下方面的安全生产费用的使用计划： （1）完善、改造和维护安全防护设备设施； （2）安全生产教育培训和配备劳动防护用品； （3）安全评价、重大危险源监控、事故隐患评估和整改； （4）职业危害防治，职业危害因素检测、监测和职业健康体检； （5）设备设施安全性能检测检验； （6）应急救援器材、装备的配备及应急救援演练； （7）安全标志及标识； （8）其他与安全生产直接相关的物品或者活动	8	无该使用计划的，不得分；计划内容缺失的，每缺一个方面扣1分；未按计划实施的，每一项扣1分；有超范围使用的，每次扣2分
	相关保险	建立员工工伤保险或安全生产责任保险的管理制度	2	无该项制度的，不得分；未以文件形式发布生效的，扣1分
		足额缴纳工伤保险费或安全生产责任保险费	3	未缴纳的，不得分；无缴费相关资料的，不得分
		保障受伤员工获取相应的保险与赔付	5	有关保险评估、年费、返回资料、赔偿等资料不全的，每一项扣2分；未进行伤残等级鉴定的，不得分；伤残等级鉴定每少一人，扣2分；赔偿每一人不到位的，本项目不得分
四、法律法规与安全管理制度	法律法规标准规范	建立识别、获取、评审、更新安全生产法律法规与其他要求的管理制度	2	无该项制度的，不得分；缺少识别、获取、评审、更新等环节要求以及部门、人员职责等内容的，扣1分；未以文件发布生效的，扣1分
		各职能部门和基层单位应定期识别和获取本部门适用的安全生产法律法规与其他要求，并向归口部门汇总	3	每少一个部门和基层单位定期识别和获取的，扣1分；未及时汇总的，扣1分；未分类汇总的，扣1分
		企业应按照规定定期识别和获取适用的安全生产法律法规与其他要求，并发布其清单	3	未定期识别和获取的，不得分；工作程序或结果不符合规定的，每次扣1分；无安全生产法律法规与其他要求清单的，不得分；每缺一个安全生产法律法规与其他要求文本或电子版的，扣1分

考评类目	考评项目	考 评 内 容	标准分值	考 评 办 法
四、法律法规与安全管理制度	法律法规标准规范	及时将识别和获取的安全生产法律法规与其他要求融入到企业安全生产管理制度中	4	未及时融入的，每项扣2分；制度与安全生产法律法规及其他要求不符的，每项扣2分
		及时将适用的安全生产法律法规与其他要求传达给从业人员，并进行相关培训和考核	4	未培训考核的，不得分；无培训考核记录的，不得分；每缺少一项培训和考核，扣1分
	规章制度	建立文件的管理制度，确保安全生产规章制度和操作规程编制、发布、使用、评审、修订等效力	2	无该项制度的，不得分；未以文件形式发布的，不得分；缺少环节内容的，每项扣1分
		按照相关规定建立和发布健全的安全生产规章制度，至少包含下列内容：档案管理、设备设施安全管理、建设项目安全设施"三同时"管理、生产设备设施验收管理、生产设备设施报废管理、施工和检（维）修安全管理、相关方（单位）管理、作业安全管理、事故管理等	10	未以文件形式发布的，不得分；每缺一项制度，扣1分；制度内容不符合规定或与实际不符的，每项制度扣1分；无制度执行记录的，每项制度扣1分
		将安全生产规章制度发放到相关工作岗位，并对员工进行培训和考核	4	未发放的，扣2分；无培训和考核记录的，不得分；每缺少一项培训和考核的，扣1分
	操作规程	基于岗位生产特点中的特定风险的辨识，编制齐全、适用的岗位安全操作规程	6	无岗位安全操作规程的，不得分；岗位操作规程不齐全、不适用的，每缺一个，扣1分；内容没有基于特定风险分析、评估和控制的，每个扣1分
		向员工下发岗位安全操作规程，并对员工进行培训和考核	6	未发放至岗位的，不得分；每缺一个岗位的，扣1分；无培训和考核记录等资料的，不得分；每缺一个培训和考核的，扣1分
	评估	每年至少一次对安全生产法律法规、标准规范、规章制度、操作规程的执行情况和适用情况进行检查、评估	5	未进行的，不得分；无评估报告的，不得分；评估报告每缺少一个方面内容，扣1分；评估结果与实际不符的，扣2分
	修订	根据评估情况、安全检查反馈的问题、生产安全事故案例、绩效评定结果等，对安全生产管理规章制度和操作规程进行修订，确保其有效和适用	5	应组织修订而未组织进行的，不得分；该修订而未修订的，每项扣1分；无修订的计划和记录资料的，不得分
	文件和档案管理	建立文件和档案的管理制度，明确责任部门/人员、流程、形式、权限及各类安全生产档案及保存要求等	2	无该项制度的，不得分；未以文件形式发布的，不得分；未明确安全规章制度和操作规程编制、使用、评审、修订等责任部门/人员、流程、形式、权限等的，扣1分；未明确具体档案资料、保存周期、保存形式等的，扣1分
		确保安全规章制度和操作规程编制、使用、评审、修订的效力	2	未按文件管理制度执行的，不得分；缺少环节记录资料的，扣1分

考评类目	考评项目	考 评 内 容	标准分值	考 评 办 法
四、法律法规与安全管理制度	文件和档案管理	对下列主要安全生产资料进行档案管理：法定检测记录；关键设备设施档案；应急演习信息；承包商和供应商信息；维护和校验记录；技术图纸等	2	未实行档案管理的，不得分；档案管理不规范的，扣 2 分；每缺少一类档案，扣 1 分
五、教育培训	教育培训管理	建立安全教育培训的管理制度	2	无该项制度的，不得分；未以文件形式发布生效的，不得分；制度中缺少一类培训规定的，扣 1 分；有与国家有关规定（主要指国家安全监管总局令第 3 号《生产经营单位安全培训规定》、第 30 号《特种作业人员安全技术培训考核管理规定》）不一致的，扣 1 分
		确定安全教育培训主管部门，定期识别安全教育培训需求，制定各类人员的培训计划	3	未明确主管部门的，不得分；未定期识别需求的，扣 1 分；识别不充分的，扣 1 分；无培训计划的，不得分；培训计划中每缺一类培训的，扣 1 分
		按计划进行安全教育培训，对安全培训效果进行评估和改进。做好培训记录，并建立档案	5	未按计划进行培训的，每次扣 1 分；记录不完整齐全的，每缺一项扣 1 分；未进行效果评估的，每次扣 1 分；未根据评估作出改进的，每次扣 1 分；未进行档案管理的，不得分；档案资料不完整齐全的，每次扣 1 分
	安全生产管理人员教育培训	主要负责人和安全生产管理人员，应具备与本单位所从事的生产经营活动相适应的安全生产知识和管理能力，经培训考核合格后方可任职	4	主要负责人未经考核合格就上岗的，不得分；安全管理人员未经培训考核合格的或未按有关规定进行再培训的，每一人扣 1 分；培训要求不符合国家安全监管总局令第 3 号要求的，每次扣 1 分
	操作岗位人员教育培训	对岗位操作人员进行安全教育和生产技能培训和考核，考核不合格人员，不得上岗。对新员工进行"三级"安全教育。在新工艺、新技术、新材料、新设备设施投入使用前，应对有关岗位操作人员进行专门的安全教育和培训。岗位操作人员转岗、离岗三个月以上重新上岗者，应进行车间（工段）、班组安全教育培训，经考核合格后，方可上岗工作	5	未经培训考核合格就上岗的，每人次扣 2 分；未进行"三级"安全教育的，每人次扣 1 分；在新工艺、新技术、新材料、新设备设施投入使用前，未对岗位操作人员进行专门的安全教育培训的，每人次扣 1 分；未按规定对转岗和离岗者进行培训考核合格就上岗的，每人次扣 1 分
	特种作业和特种设备作业人员教育培训	从事特种作业人员和特种设备作业的人员应取得特种作业操作资格证书，方可上岗作业	5	特种作业人员和特种设备作业人员配备不合理的，每次扣 2 分；有特种作业和特种设备作业岗位但未配备相应作业人员的，每次扣 2 分；无特种作业和特种设备作业资格证书上岗作业的，每人次扣 2 分；证书过期未及时审核的，每人次扣 2 分；缺少特种作业和特种设备作业人员档案资料的，每人次扣 1 分
	其他人员教育培训	对外来参观、学习等人员进行有关安全规定、可能接触到的危害及应急知识等内容的安全教育和告知，并由专人带领	2	未进行安全教育和危害告知的，不得分；内容与实际不符的，扣 1 分；未提供相应劳保用品的，不得分；无专人带领的，不得分
	安全文化建设	采取多种形式的活动来促进企业的安全文化建设，促进安全生产工作	4	未进行安全文化建设的，不得分；安全文化建设与《企业安全文化建设导则》（AQ/T 9004—2008）不符的，扣 2 分

考评类目	考评项目	考评内容	标准分值	考评办法
六、生产设备设施	生产设备设施建设	建立新、改、扩建工程"三同时"的管理制度	2	无该项制度的，不得分；制度不符合有关规定的，扣1分
		安全设备设施应与建设项目主体工程同时设计、同时施工、同时投入生产和使用	6	未进行"三同时"管理的，不得分；没有建设或没有产权单位对"三同时"进行评估、审核认可手续就投用的，不得分；项目立项审批手续不全的，扣2分；设计、评价或施工单位资质不符合规定的，扣2分；安全投资没有纳入项目概算的，扣2分；项目未按规定进行安全预评价或安全验收评价的，扣2分；初步设计无安全专篇或安全专篇未经审查通过的，扣2分；变更安全设备设施未经设计单位书面同意的，每处扣1分；隐蔽工程未经检查合格就投用的，每处扣1分；未经验收就投用的，扣1分；安全设备设施未同时投用的，扣1分
		安全预评价报告、安全专篇、安全验收评价报告应当报安全生产监督管理部门备案	2	无资质单位编制的，不得分；未备案的，不得分；每少备案一个，扣1分
		厂址选择应遵循《工业企业总平面设计规范》（GB 50187）的规定。新建的烧结球团厂，应位于居民区及工业场区常年最小频率风向的上风侧，厂区边缘至居民区的距离应大于1000m	5	厂址选择易受自然灾害影响或严重影响周边环境的，不得分；有一处不符合规定的，扣1分。烧结球团厂位置不是位于居民区及工业场区常年最小频率风向的上风侧的，扣1分；厂区边缘及居民的距离小于1000m的，扣1分
		厂区办公、生活设施宜设在烧结机或球团焙烧机（窑）季节盛行风向上风侧100m以外	3	厂区办公室和生活设施未设在烧结或球团焙烧机（窑）季节盛行风向上风侧100m以外位置，不得分
		厂房内、转运站、皮带运输机通廊，均应设有洒水清扫或冲洗地面等设施。排水沟、池应设有盖板，砂泵坑四周应设置安全栏杆	3	厂房内、转运站、皮带运输机通廊，未设洒水清扫设施或冲洗地面清洁卫生设施的，扣1分；排水沟、池未设盖板的，扣1分；砂泵坑周围未设安全栏杆的，扣1分
		厂房的照明，应符合《建筑采光设计标准》（GB/T 50033）和《建筑照明设计标准》（GB 50034）的规定	3	未进行照度测量的，不得分；天然采光和人工照明不符合要求的，每处扣1分
		电气室（包括计算机房）、电缆夹层，应设有火灾自动报警器、烟雾火警信号装置、监视装置、灭火装置和防止小动物进入的措施；电缆穿线孔等应用防火材料进行封堵	5	电气室（包括计算机房）、电缆夹层，未设火灾自动报警器、烟雾火警信号装置、监视装置、灭火装置的，不得分；未用防火材料封堵电缆穿线孔的，扣1分
		直梯、斜梯、防护栏杆和工作平台应符合《固定式钢梯及平台安全要求》（GB 4053.1-3）的规定	3	有一处不符合要求的，扣1分
		通道、走梯的出入口，不应位于吊车运行频繁的地段或靠近铁道。否则，应设置安全防护装置	3	通道、走梯的出入口设在车辆运行频繁地段或铁道旁，扣1分；出入口设在频繁地段又没有防护安全装置的，不得分
		烧结机厂房、烟囱等，应设有避雷装置，双烟道烟囱底部应设隔墙，防止窜烟	3	烧结机厂房、烟囱等处未设避雷装置的，不得分；双烟道烟囱底部未设隔墙防止窜烟的，扣1分

考评类目	考评项目	考评内容	标准分值	考评办法
六、生产设备设施	生产设备设施建设	烧结机、单辊破碎机的尾部应设有起重设施和检修用的运输通道	3	烧结机、单辊破碎机的尾部未设置起重设施和检修用的运输通道的，不得分
		新建、改建、扩建烧结机的圆辊给料机应设有机械清理装置	2	烧结机的圆辊给料机和反射板未设机械清理装置的，不得分
		带式输送机应符合《带式运输机安全规范》（GB 14784）的要求；有防打滑、防跑偏和防纵向撕裂的措施以及能随时停机的事故开关和事故警铃	6	不符合要求的，每处扣1分；安全设施缺少的，每处扣1分
		带式输送机通廊净空高度不应小于2.2m，热返矿通廊净空高度、带式运输机通廊净空高度不应小于2.6m；通廊倾斜度为6°~12°时，检修道及人行道均应设防滑条，超过12°时，应设踏步。带式输送机通廊两侧的人行通道，净宽不应小于0.8m，如系单侧人行通道，则不应小于1.3m。人行通道上不应设置入口或敷设蒸汽管、水管等妨碍行走的管线。应设计足够的照明。应根据现场的需要，沿胶带走向每隔30~100m设一个横跨胶带的过桥	6	带式输送机通廊净空高度小于2.2m的，扣1分；热返矿通廊净空高度小于2.6m的，扣1分；通廊倾斜度为6°~12°时，检修道及人行道未设防滑条的，扣1分；超过12°时，未设踏步的，扣1分；带式输送机通廊两侧的人行通道，净宽小于0.8m，如系单侧人行通道，净宽小于1.3m，扣1分；人行通道上设置入口或敷设蒸汽管、水管等妨碍行走的管线，未设计足够的照明的，扣1分
		带式输送机、链板机需要跨越的部位应设置过桥，烧结机应设置中间过桥，烧结机台车旁应设观察平台	4	带式输送机、链板机跨越的部分未设置过桥的，扣1分；烧结机未设中间过桥的，扣1分；烧结机台车未设观察平台的，扣1分
		产生大量蒸汽、腐蚀性气体、粉尘等的场所，应采用封闭式电气设备；有爆炸危险的气体或粉尘的作业场所，应采用防爆型电气设备	4	对产生大量蒸汽、腐蚀性气体、粉尘等的场所，未用封闭式电气设备的，扣2分；在有爆炸危险的气体或粉尘的作业场所，未用防爆型电气设备的，扣1分
		电气设备（特别是手持式电动工具）的金属外壳和电线的金属保护管，应有良好的保护接零（或接地）装置	4	电气设备的金属外壳和电线的金属保护管，无良好的保护接零（或接地）装置的，不得分
		主要生产场所的火灾危险性分类及建（构）筑物防火最小安全间距，应遵循《建筑设计防火规范》（GB 50016）、《钢铁冶金企业设计防火规范》（GB 50414）的规定	6	有一处不符合规定的，扣1分；构成重大火灾隐患的，除本分值扣完后加扣15分
		在设有强制通风以及自动报警和灭火设施的场所，风机与消防设施之间，应设安全联锁装置	4	未设安全联锁装置的，不得分
		机头电除尘器应设有防火防爆装置	2	机头电除尘器未设防火防爆装置的，不得分
		各燃气管道在厂入口处，应设可靠的切断装置。燃气管道不应与电缆同沟敷设，并应进行强度试验及气密性试验	3	燃气管道的入厂处，未设可靠的切断装置的，扣1分；煤气管道与电缆同沟敷设的，扣1分；未进行强度试验及气密性试验的（查试验记录表），扣1分

考评类目	考评项目	考 评 内 容	标准分值	考 评 办 法
六、生产设备设施	生产设备设施建设	在有爆炸危险的场所，应选用防爆或隔离火花的安全仪表	2	在爆炸危险场所，未设防爆或隔离火花的安全仪表的，不得分
		点火器应符合下列要求： （1）设置空气、煤气比例调节装置和煤气低压自动切断装置； （2）烧嘴的空气支管应采取防爆措施	2	点火器未设置空气、煤气比例调节装置的，不得分；未设置煤气低压自动切换装置的，扣1分；烧嘴的空气支管未采取防爆措施，扣1分
		煤气管道应设有大于煤气最大设计压力的水封和闸阀；蒸汽、氮气闸阀前应设放散阀，防止煤气反窜	4	煤气管道未设置大于煤气最大设计压力的水封和闸阀的，扣1分；蒸汽、氮气闸阀前未设置防止煤气反窜的放散阀的，扣1分
		天车及布料小车等在轨道上行走的设备，两端应设有缓冲器和清轨器，轨道两端应设置电气限位器和机械安全挡	3	在轨道行走的设备，两端未设有缓冲器、清轨器、电气限位器和机械安全装置的，不得分
		所有产尘设备和尘源点，应严格密闭，并设除尘系统。作业场所粉尘和有害物质的浓度，应符合《工业企业设计卫生标准》（GBZ1）、《工业场所有害因素职业接触限值 化学有害因素》（GBZ2.1）、《工业场所有害因素职业接触限值 物理因素》（GBZ2.2）的规定	2	有产尘设备和尘源点未封闭的，扣1分；没有设除尘系统的，扣1分；对作业场所粉尘及有害物质的浓度不符合《工业企业设计卫生标准》《工业场所有害因素职业接触限值 化学有害因素》《工业场所有害因素职业接触限值 物理因素》规定的，每处扣1分
		除尘设施的开停，应与工艺设备联锁；收集的粉尘应采用密闭运输方式，避免二次扬尘	2	除尘设施的开停未与工艺设备联锁的，扣1分；收集的粉尘运输不密闭的，扣1分
		气力输送或罐车送达的终点矿槽应予密闭，其上部应设置余压消除装置和除尘设施	2	气力输送或罐车送达的终点矿槽未密闭的，扣1分；其上部未设置余压消除装置和除尘设施的，扣1分
		主抽风机操作室应与风机房隔离，并采取隔音和调温措施；风机及管道接头处应保持严密，防止漏气	3	主抽风机操作室未与风机房隔离的，不得分；未采取隔音和调温措施的，扣1分；风机与管道接头处有漏气的，扣1分
		主抽风机室应设固定式监测烟气泄漏、一氧化碳等有害气体及其浓度的信号报警装置。煤气加压站和煤气区域的岗位，应设置固定式监测煤气泄漏显示、报警、处理应急和防护装置	3	主抽风机室未设固定式有毒有害气体监测报警装置的，不得分；煤气加压站等煤气区域未设煤气泄漏报警的，扣1分；未设固定式煤气浓度超标信号报警器和漏气监测装置的，扣1分
		对散发有害物质的设备，应严加密闭	2	对散发有害物质的设备未密闭的，不得分
		气力输送系统中的贮气包、吹灰机或罐车，均应设有安全阀、减压阀和压力表，其设计、制造和使用应符合国家现行压力容器的有关规定	3	气力输送系统中的贮气包、吹灰机或罐车，未设安全阀、减压阀和压力表的，扣2分；其设计、使用不符合要求的，扣1分
		使用表压超过 0.1MPa 的油、水、煤气、蒸汽、空气和其他气体的设备和管道系统，应安装压力表、安全阀等安全装置，并应采用不同颜色的标志，以区别各种阀门处于开或闭的状态	3	油、水、煤气、蒸汽、空气和其他气体的设备和管道系统，压力超过 0.1MPa 但未安装压力表、安全阀的，扣2分；阀门未用不同颜色的标志区分开或闭状态的，扣1分

考评类目	考评项目	考 评 内 容	标准分值	考 评 办 法
六、生产设备设施	生产设备设施建设	起重机应标明起重吨位，并应设有下列安全装置： （1）限位器； （2）缓冲器； （3）防碰撞装置； （4）超载限制器； （5）联锁保护装置； （6）轨道端部止挡； （7）定位装置； （8）其他：零位保护、安全钩、扫轨板、电气安全装置等； （9）走台栏杆、防护罩、滑线防护板、防雨罩（露天）等防护装置； （10）安全信息提示和报警装置等	8	未标明起重吨位的，扣1分；每缺少一项安全装置的，扣1分
		生产中应采用下列信号及安全防护设施： （1）煤气、空气压降报警和指示信号（音响及色灯），煤气管道压力自动调节和煤气紧急自动切断装置； （2）空气冷却器和水冷装置的水压降信号，油冷却器油压降信号，稀油润滑系统的油压降信号； （3）抽风机轴承、电动机的温升信号，球磨机、棒磨机轴承温升信号； （4）事故信号（音响及色灯）； （5）单机运动的设备和联锁系统的设备，应设置预告和启动信号	5	有一项不符合要求的，扣1分
		原料仓库应符合下列要求： （1）堆料高度应保证抓斗吊车有足够的安全运行空间，抓斗处于上限位置时，其下沿距料面的高度不应小于0.5m； （2）应设置挡矿墙和隔墙； （3）容易触及的移动式卸料漏矿车的裸露电源线或滑线，应设防护网，上下漏矿车处应悬挂警示牌或信号灯	3	有一项不符合要求的，扣1分
		原料场应有下列设施： （1）工作照明和事故照明； （2）防扬尘设施； （3）停机或遇大风紧急情况时使用的夹轨装置； （4）车辆运行的安全警示标志； （5）原料场设备设施应设置防电击、雷击安全装置	4	有一项不符合要求的，扣2分
		堆取料机和抓斗吊车的走行轨道，两端应设有极限开关和安全装置，两车在同一轨道、同一方向运行时，相距不应小于5m	2	堆取料机和抓斗吊车的走行轨道两端，未设有极限开关和安全装置的，扣1分；同轨道同方向运行的车辆相距小于5m的，扣1分

考评类目	考评项目	考评内容	标准分值	考评办法
六、生产设备设施	设备设施运行管理	建立设备设施的检修、维护、保养管理制度	2	无该项制度的，不得分；缺少内容或操作性差的，扣1分
		建立设备设施运行台账，制定检（维）修计划	3	无台账或检（维）修计划的，不得分；资料不齐全的，每次（项）扣1分
		按检（维）修计划定期对安全设备设施进行检（维）修	3	未按计划检（维）修的，每项扣1分；未进行安全验收的，每项扣1分；检（维）修方案未包含作业危险分析和控制措施的，每项扣1分；未对检修人员进行安全教育和对施工现场安全交底的，每次扣1分；失修每处扣1分；检（维）修完毕未及时恢复安全装置的，每处扣1分；未经安全生产管理机构同意就拆除安全设备设施的，每处扣1分；安全设备设施检（维）修记录归档不规范、不及时的，每处扣1分；检修完毕后未按程序试车的，每项扣1分
		烧结工艺中的燃料加工系统，应使用布袋式除尘器	2	烧结工艺中燃料加工系统的除尘设施未用布袋除尘器的，不得分
		使用煤气，应根据生产工艺和安全要求，制定高、低压煤气报警限量标准	3	根据生产工艺和安全要求，未制定高、低压煤气报警限量标准的，不得分
		水冷系统应设流量和水压监控装置，使用水压不应低于0.1MPa，出口水温应低于50℃	2	水冷系统未设流量和水压监控装置的，不得分；使用水压低于0.1MPa，扣1分；出口水温高于50℃的，扣1分
		配料圆盘应与配料皮带输送机联锁	2	配料圆盘未与配料皮带输送机联锁的，不得分
		危险场所和其他特定场所，照明器材的选用应遵守下列规定： （1）有爆炸和火灾危险的场所，应按其危险等级选用相应的照明器材； （2）潮湿地区，应采用防水性照明器材； （3）含有大量烟尘但不属于爆炸和火灾危险的场所，应选用防尘型照明器材	3	选用照明器材不符合要求的，每处扣1分
	新设备设施验收及旧设备设施拆除报废	建立新设备设施验收和旧设备设施拆除、报废的管理制度	2	无该项制度的，不得分；缺少内容或操作性差的，扣1分
		按规定对新设备设施进行验收，确保使用质量合格、设计符合要求的设备设施	3	未进行验收的（含其安全设备设施），每项扣1分；使用不符合要求的，每项扣1分
		按规定对不符合要求的设备设施进行报废或拆除	3	未按规定进行的，不得分；涉及危险物品的生产设备设施的拆除，无危险物品处置方案的，不得分；未执行作业许可的，扣1分；未进行作业前的安全、技术交底的，扣1分；资料保存不完整、不齐全的，每项扣1分
	设备设施检测检验	建立设备设施（包括特种设备）检测检验管理制度	2	无该项制度的，不得分；制度与有关规定不符的，扣1分

考评类目	考评项目	考 评 内 容	标准分值	考 评 办 法
六、生产设备设施	设备设施检测检验	按规定定期对设备设施进行检测检验，并将有关资料归档保存	6	未进行检验的，不得分；档案资料不全的（含生产、安装、验收、登记、使用、维护等），每台套扣 1 分；使用无资质厂家生产的，每台套扣 2 分；未经检验合格或检验不合格就使用的，每台套扣 2 分；安全装置不全或不能正常工作的，每处扣 2 分；检验周期超过规定时间的，每台套扣 1 分；检验标签未张贴悬挂的，每台套扣 1 分
		空气呼吸器等防护装置及检测仪应定期送有相应资质的单位进行检验	3	空气呼吸器等防护装置和所有的检测仪，未见有资质单位合格检验单的，不得分；超出有效使用日期的，扣 1 分
七、作业安全	生产现场管理和生产过程控制	建立至少包括下列危险作业的安全管理制度，明确责任部门/人员、许可范围、审批程序、许可签发人员等： （1）危险区域动火作业； （2）进入受限空间作业； （3）能源介质作业； （4）高处作业； （5）大型吊装作业； （6）交叉作业； （7）其他危险作业	5	缺少一项危险作业规定的，扣 1 分；内容不全或操作性差的，每处扣 1 分
		对生产现场和生产过程、环境存在的风险和隐患进行辨识、评估分级，并制定相应的控制措施	4	无企业风险和隐患辨识、评估分级汇总资料的，不得分；辨识所涉及的范围未全部涵盖的，每少一处扣 1 分；每缺一类风险和隐患辨识、评估分级的，扣 1 分；缺少控制措施或针对性不强的，每类扣 1 分；现场岗位人员不清楚岗位有关风险及其控制措施的，每人次扣 1 分
		禁止与生产无关人员进入生产操作现场。应划出非岗位操作人员行走的安全路线，其宽度一般不小于 1.5m	2	有与生产无关人员进入生产操作现场的，不得分；未划出非岗位操作人员行走的安全路线的，不得分；安全路线的宽度小于 1.5m 的，扣 1 分
		配料矿槽上部移动式漏矿车的走行区域，不应有人员行走，其安全设施应保持完整	2	配料矿槽上部移动式漏矿车的走行区域，发现有人员行走的，扣 1 分；未设安全设施的，扣 1 分
		粉料湿料矿槽倾角不应小于 65°，块矿矿槽不应小于 50°。采用抓斗上料的矿槽，上部应设安全设施	3	粉料、湿料矿槽倾角小于 65°，块矿矿槽小于 50°的，扣 1 分；抓斗上料的矿槽未设安全设施的，扣 1 分
		不应有湿料和生料进入热返矿槽	2	发现有湿料和生料进入热返矿槽中的，不得分
		设备检修或技术改造，应制定相应的安全技术措施。多单位、多工种在同一现场施工时，应建立现场指挥机构，协调作业	3	查看设备资料，在设备检修或技术改造时没有制定相应的安全技术措施资料的，扣 1 分；多单位或多工种同一施工没有现场指挥、协作记录资料的，扣 1 分
		所有设备设施的检修，应遵守下列规定： （1）检修作业区域设明显的标志和灯光信号； （2）检修作业区上空有高压线路时，应架设防护网； （3）检修期间，相关的铁道设明显的标志和灯光信号，有关道岔锁闭并设置路挡	4	不符合规定的，每处扣 1 分

考评类目	考评项目	考 评 内 容	标准分值	考 评 办 法
七、作业安全	生产现场管理和生产过程控制	对煤气设备进行定期检修,每次检修应有相关记录档案。检修时,应有相应的安全措施	3	煤气设备未定期检修的,不得分;没有检修记录的,扣1分;检修时,未采取安全措施的,扣1分
		煤气设备检修时,应确认切断煤气来源,用氮气或蒸汽扫净余煤气,取得危险作业许可证或动火证,并确认安全措施后,方可检修	3	煤气设备检修,未先切断煤气来源的,扣1分;未用氮气或蒸汽扫净残余煤气的,扣1分;未取得危险作业许可证或动火证的,扣1分
		烧结平台上不应乱堆乱放杂物和备品备件,每个烧结厂房烧结平台上存放的备用台车,应根据建筑物承重范围准许5块至10块台车存放,载人电梯不应用作检修起重工具,不应有易燃和爆炸物品	3	烧结平台,有乱堆乱放杂物和备品备件现象的,扣1分;烧结厂房烧结平台上存放的备用台车,超建筑物承重范围的,扣1分;载人电梯用作检修起重工具或有易燃和爆炸物品的,扣1分
		需要使用行灯照明的场所,行灯电压一般不应超过36V,在潮湿的地点和金属容器内,不应超过12V	2	需要使用行灯照明的场所,行灯电压超过36V的,扣1分;在潮湿的地点和金属容器内,超过12V的,扣1分
	作业行为管理	建立人员行为监督控制的制度,明确人员行为监控的责任、方法、记录、考核等事项	2	无人员行为监督控制制度的,不得分;内容不全的,每缺一环节,扣1分
		对生产作业过程中人的不安全行为进行辨识,并制定相应的控制措施	3	每缺一类风险和隐患辨识的,扣1分;缺少控制措施或针对性不强的,每类扣1分;作业人员不清楚风险及控制措施的,每人次扣1分。
		对危险性大的作业实行许可制、工作票制	3	未执行的,不得分;工作票中危险分析和控制措施不全的,按每类工作票扣1分;授权程序不清或签字不全的,扣2分;工作票未有效保存的,扣2分
		要害岗位及电气、机械等设备,应实行操作牌制度	4	未执行的,不得分;未挂操作牌就作业的,每处扣1分;操作牌污损的,每个扣1分
		煤气加压站、油泵室、磨煤室及煤粉罐区周围10m以内,不应有明火。在上述地点动火,应开具动火证,并采取有效的防护措施	3	在煤气加压站、油泵室、磨煤室及煤粉罐区周围10m以内未设禁火标志的,扣1分;在此区域内点火未用动火证或未进行防火措施的,扣1分
		煤气设备的检修和动火、煤气点火和停火、煤气事故处理和新工程投产验收,应执行《工业企业煤气安全规程》(GB 6222)的相关规定	3	煤气设备的检修和动火、煤气点火和停火、煤气事故处理和新工程投产验收,不符合《工业企业煤气安全规程》的相关规定的,每处扣1分;抽查有关作业人员和管理人员,回答错误的,扣1分
		在煤气区域作业或检查时,应带好便携式煤气报警仪,且应有两人以上协助作业:一人作业,一人监护	3	煤气作业区域,定期进行煤气检测时未随身带煤气报警仪的,扣1分;没有设人员监护的,扣1分
		烧结机点火之前,应进行煤气引爆试验;在烧结机点火器的烧嘴前面,应安装煤气紧急事故切断阀	3	烧结机烧嘴未安装煤气紧急事故切断阀的,不得分;查看记录,烧结机点火前未做引爆试验的,扣1分

考评类目	考评项目	考评内容	标准分值	考评办法
七、作业安全	作业行为管理	点火时,不应有明火,防止发生火灾。定期对煤气管道进行检查,防止煤气泄漏,造成煤气中毒	3	点火时,发现有明火的,扣1分;未定期对煤气管道泄漏进行检查,且没有检查记录的,扣1分
		点火器检修应遵守下列安全规定: (1)事先切断煤气,打开放散阀,用蒸汽或氮气吹扫残余煤气; (2)取空气试样做一氧化碳和挥发物分析,一氧化碳最高容许浓度与容许作业时间应符合《工业企业煤气安全规程》的规定; (3)检修人员不应少于两人,并指定一人监护; (4)与外部应有联系信号	4	点火器检修时,未事先切断电源,打开放散阀,排除残余气体的,扣1分;空气试样中的一氧化碳的含量不符合《工业企业煤气安全规程》的规定,超过标准的,扣1分;检修未派监护人的,扣1分;现场没有与外部方便的联系信号的,扣1分
		清理球盘积料时,应保证球盘传动部分无人施工,防止因物料在盘内偏重带动球盘,造成传动部分突然动作而伤人	3	清理球盘积料时,应保证球盘传动部分无人施工,不按要求的,每次扣1分
		烧结机台车轨道外侧安装防护网;检修时,热返矿未倒空前不应打水	2	烧结机台车外侧未安装防护网的,扣1分;检修时热返矿未倒空前打水的,扣1分
		更换台车应采用专用吊具,并有专人指挥,更换栏板、添补炉箅条等作业,应停机、停电进行	3	更换台车未用专用吊具,没有专人指挥,扣1分;更换栏板、添补炉箅条等作业,未停机、停电进行的,扣1分
		进入大烟道作业时,不应同时从事烧结机台车作业、添补炉箅作业等。应切断点火器的煤气,关闭各风箱调节阀,断开抽风机的电源执行挂牌制度	3	进入大烟道作业时,同时从事烧结机台车、添补炉箅等作业的,扣1分;未切断点火器煤气、未关闭各风箱调节阀、断开抽风机电源未实行挂牌制度的,扣1分
		进入大烟道检查或检修时,应先用一氧化碳检测仪检测废气浓度,符合标准后方可进入,并在人孔处设专人监护。作业结束后,确认无人后,方可封闭人孔	3	进入大烟道检查或检修时,未用一氧化碳检测仪检测烟道内废气浓度的,不得分;人孔处未设人员监护的,扣1分;作业后,未封闭人孔的,扣1分
		进入单辊破碎机、热筛、带冷机和环冷机作业时,应采取可靠的安全措施,并设专人监护	3	进入单辊破碎机、热筛、带冷机和环冷机作业时,未采取可靠的安全措施,扣1分;未设人员监护,扣1分
		在台车运转过程中,不应进入弯道和机架内检查。若需检查进入,应索取操作牌,停机、切断电源,挂上"禁止启动"标志牌,并设专人监护	2	在台车运转过程中,进入弯道和机架内检查时,未带操作牌、未停机、未切断电源、未挂上"禁止启动"标志牌,未派专人监护,每处扣1分
		进入圆筒混合机检修和清理,应事先切断电源,采取防止筒体转动的措施,并设专人监护	3	进入圆筒混合机检修和清理,未事先切断电源的,扣1分;未设防止筒体转动措施的,扣1分;未派人员监护的,扣1分
		吊物不应从人员或重要设备上空通过,运行中的吊物距障碍物距离应在0.5m以上	2	发现吊物有从人员或重要设备上空经过的,不得分;吊物距障碍物距离低于0.5m的,扣1分
		拆装吊运备件时,不应在屋面开洞或利用桁架、横梁悬挂起重设施。不应用煤气、蒸汽、水管等管道作为起重设备的支架	3	吊挂设备时,有在屋面开洞的,扣1分;有用桁架、横梁悬挂起重设施的,扣1分;有用各种管道作为起重设备的支架的,扣1分

考评类目	考评项目	考评内容	标准分值	考评办法
七、作业安全	作业行为管理	铁道运输车辆进入卸料作业区域和厂房时，应有灯光信号及警示标志，车速不应超过5km/h	2	铁道运输车辆进入卸料作业区域和厂房时，未设灯光信号及警示标志的，扣1分；没有警示标志，车速超过5km/h的，扣1分
		人员不应乘、钻和跨越皮带	2	皮带机附近未见相关禁止规定的，不得分；跨越部分未设置防护措施的，扣1分
		运转中的破碎、筛分设备，不应打开检修门或孔；检修或处理故障，应停机并切断电源和事故开关，挂"禁止启动"标志牌	3	运转中的破碎、筛分设备发现有打开检修门或孔的，扣1分；检修或处理故障，未停机并切断电源和事故开关，未挂"禁止启动"标志牌的，扣2分
		不应带电作业。特殊情况下不能停电作业时，应按有关带电作业的安全规定执行	3	现场发现带电作业的，扣1分；特殊情况下不能停电作业时，未按有关带电作业的安全规定执行的，扣2分
		当为从业人员配备与工作岗位相适应的符合国家标准或者行业标准的劳动防护用品，并监督、教育从业人员按照使用规则佩戴、使用	3	无发放标准的，不得分；未及时发放的，不得分；购买、使用不合格劳动防护用品的，不得分；发放标准不符有关规定的，每项扣1分；员工未正确佩戴和使用的，每人次扣1分
		具体明确各类煤气危险区域。在第一类区域，应带上呼吸器方可作业；在第二类区域，应有监护人员在场，并备好呼吸器方可作业；在第三类区域，可以作业，但应有人定期巡查	5	有一处不符合要求的，扣2分
		在全部停电或部分停电的电气设备上作业，应遵守下列规定： （1）拉闸断电，并采取开关箱加锁等措施； （2）验电、放电； （3）各相短路接地； （4）悬挂"禁止合闸，有人作业"的标示牌和装设遮拦	4	有一处不符合要求的，扣1分
	警示标志和安全防护	建立警示标志和安全防护的管理制度	2	无该项制度的，不得分
		在有较大危险因素的作业场所或有关设备上，设置符合《安全标志及其使用导则》（GB 2894）和《安全色》（GB 2893）规定的安全警示标志和安全色	3	有一处不符合规定的，扣1分；未告知危险种类、后果及应急措施的，每处扣1分
		吊装孔应设置防护盖板或栏杆，并应设警示标志	2	吊装孔没有设置防护盖板或栏杆的，扣1分；未设安全警示标志的，扣1分
		设备裸露的转动或快速移动部分，应设有结构可靠的安全防护罩、防护栏杆或防护挡板	2	有一处不符合要求的，扣1分
		放射源和射线装置，应有明显的标志和防护措施，并定期检测	2	无标志的，每处扣1分；无防护措施的，每处扣1分；未定期检测的，不得分

考评类目	考评项目	考评内容	标准分值	考评办法
七、作业安全	相关方管理	建立有关承包商、供应商等相关方的管理制度	2	无该项制度的，不得分；未明确双方权责或不符合有关规定的，不得分
		对承包商、供应商等相关方的资格预审、选择、服务前准备、作业过程监督、提供的产品、技术服务、表现评估、续用等进行管理，建立相关方的名录和档案	3	以包代管的，不得分；未纳入甲方统一安全管理的，不得分；未将安全绩效与续用挂钩的，不得分；名录或档案资料不全的，每一个扣1分
		不应将工程项目发包给不具备相应资质的单位。工程项目承包协议应当明确规定双方的安全生产责任和义务	4	发包给无相应资质的相关方的，除本条不得分外，加扣6分；承包协议中未明确双方安全生产责任和义务的，每项扣1分；未执行协议的，每项扣1分
		根据相关方提供的服务作业性质和行为定期识别服务行为风险，采取之有效的风险控制措施，并对其安全绩效进行监测。甲方应统一协调管理同一作业区域内的多个相关方的交叉作业	6	相关方在甲方场所内发生工亡事故的，除本条不得分外，加扣4分；未定期进行风险评估的，每一个扣1分；风险控制措施缺乏针对性、操作性的，每一个扣1分；未对其进行安全绩效监测的，每次扣1分；甲方未进行有效统一协调管理交叉作业的，扣3分
	变更	建立有关人员、机构、工艺、技术、设施、作业过程及环境变更的管理制度	2	无该项制度的，不得分；制度与实际不符的，扣1分
		对有关人员、机构、工艺、技术、设施、作业过程及环境的变更制定实施计划	3	无实施计划的，不得分；未按计划实施的，每项扣1分；变更中无风险识别或控制措施，每项扣1分
		对变更的实施进行审批和验收管理，并对变更过程及变更后所产生的风险和隐患进行辨识、评估和控制	3	无审批和验收报告的，不得分；未对变更导致新的风险或隐患进行辨识、评估和控制的，每项扣1分
		变更安全设施，在建设阶段应经设计单位书面同意，在投用后应经安全管理部门书面同意。重大变更的，还应报安全生产监督管理部门备案	2	未经书面同意就变更的，每处扣1分；未及时备案的，每次扣1分
八、隐患排查	隐患排查	建立隐患排查治理的管理制度，明确责任部门/人员、方法	2	无该项制度的，不得分；制度与《安全生产事故隐患排查治理暂行规定》等有关规定不符的，扣1分
		制定隐患排查工作方案，明确排查的目的、范围、方法和要求等	3	无该方案的，不得分；方案依据缺少或不正确的，每项扣1分；方案内容缺项的，每项扣1分
		按照方案进行隐患排查工作	6	未按方案排查的，不得分；有未排查出隐患的，每处扣1分；排查人员不能胜任的，每人次扣1分；未进行汇总总结的，扣2分
		对隐患进行分析评估，确定隐患等级，登记建档	4	无隐患汇总登记台账的，不得分；无隐患评估分级的，不得分；隐患登记档案资料不全的，每处扣1分
	排查范围与方法	隐患排查的范围应包括所有生产经营场所、环境、人员、设备设施和活动	5	隐患排查范围每缺少一类，扣1分
		采用综合检查、专业检查、季节性检查、节假日检查、日常检查等方式进行隐患排查工作	5	各类检查缺少一次，扣1分；缺少一类检查表，扣1分；检查表针对性不强的，每一个扣1分；检查表无人签字或签字不全的，每次扣1分

考评类目	考评项目	考评内容	标准分值	考评办法
八、隐患排查	隐患治理	根据隐患排查的结果,制定隐患治理方案,对隐患进行治理。方案内容应包括目标和任务、方法和措施、经费和物资、机构和人员、时限和要求。重大事故隐患在治理前应采取临时控制措施并制定应急预案。隐患治理措施应包括工程技术措施、管理措施、教育措施、防护措施、应急措施等	10	无该方案的,不得分;方案内容不全的,每缺一项扣1分;每项隐患整改措施针对性不强的,扣1分;隐患治理工作未形成闭路循环的,每项扣1分
		在隐患治理完成后对治理情况进行验证和效果评估	5	未进行验证或评估报告的,每项扣1分
		按规定对隐患排查和治理情况进行统计分析并向安全监管部门和有关部门报送书面统计分析表	2	无统计分析表的,不得分;未及时报送的,不得分
	预测预警	企业应根据生产经营状况及隐患排查治理情况,采用技术手段、仪器仪表及管理方法等,建立安全预警指数系统	3	无安全预警指数系统的,不得分;未对相关数据进行分析、测算,实现对安全生产状况及发展趋势进行预报的,扣2分;未将隐患排查治理情况纳入安全预警系统的,扣2分;未对预警系统所反映的问题,及时采取针对性措施的,扣2分;未每月进行风险分析的,扣2分
九、危险源控制	辨识与评估	建立危险源的管理制度,明确辨识与评估的职责、方法、范围、流程、控制原则、回顾、持续改进等	2	无该项制度的,不得分;制度中每缺少一项内容要求的,扣1分
		按相关规定对本单位的生产设施或场所进行危险源辨识、评估,确定危险源及重大危险源(包括企业确定的重大危险源)	8	未进行辨识和评估的,不得分;未按制度规定严格进行的,不得分;辨识和评估不充分、准确的,每处扣2分
	登记建档与备案	对确认的危险源及时登记建档	3	无危险源档案资料的,不得分;档案资料不全的,每处扣1分
		按照相关规定,将重大危险源向安全监管部门和相关部门备案	2	未备案的,不得分;备案资料不全的,每个扣1分
		计量检测用的放射源应当按照有关规定取得放射物品使用许可证	3	未办理许可证的,不得分;每少一个许可证,扣1分
	监控与管理	对危险源(包括企业确定的危险源)采取措施进行监控,包括技术措施(设计、建设、运行、维护、检查、检验等)和组织措施(职责明确、人员培训、防护器具配置、作业要求等)	15	未实施监控的,不得分;有重大隐患或带病运行,严重危及安全生产的,除本分值扣完后外,加扣15分;监控技术措施和组织措施不全的,每项扣1分
		在危险源现场设置明显的安全警示标志和危险源点警示牌(内容包含名称、地点、责任人员、事故模式、控制措施等)	3	无安全警示标志的,每处扣1分;内容不全的,每处扣1分;警示标志污损或不明显的,每处扣1分
		相关人员应按规定对危险源进行检查,并在检查记录本上签字	2	未按规定进行检查的,不得分;检查未签字的,每次扣1分;检查结果与实际状态不符的,每处扣1分

考评类目	考评项目	考评内容	标准分值	考评办法
十、职业健康	职业健康管理	建立职业健康的管理制度	2	无该项制度的，不得分；制度与有关法规规定不一致的，扣1分
		按有关要求，为员工提供符合职业健康要求的工作环境和条件	3	有一处不符合要求的，扣1分；一年内有新增职业病患者，此类目不得分
		建立健全职业卫生档案和员工健康监护档案	2	未进行员工健康检查的，不得分；未进行入厂和退休健康检查的，不得分；健康检查每少一次的，扣1分；无档案的，不得分；每缺少一人档案的，扣1分；档案内容不全的，每缺一项资料，扣1分
		对职业病患者按规定给予及时的治疗、疗养。对患有职业禁忌症的，应及时调整到合适岗位	3	未及时给予治疗、疗养的，不得分；治疗、疗养每少一人的，扣1分；没有及时调整职业禁忌症患者的，每人扣1分
		定期识别作业场所职业危害因素，并定期进行检测，将检测结果公布、存入档案	3	未定期识别作业场所职业危害因素的或未进行检测的，不得分；检测的周期、地点、有毒有害因素等不符合要求的，每项扣1分；结果未公开公布的，不得分；结果未存档的，一次扣1分
		对可能发生急性职业危害的有毒、有害工作场所，应当设置报警装置，制定应急预案，配置现场急救用品和必要的泄险区	3	无报警装置的，不得分；缺少报警装置或不能正常工作的，每处扣1分；无应急预案的，不得分；无急救用品、冲洗设备、应急撤离通道和必要的泄险区的，不得分
		指定专人负责保管、定期校验和维护各种防护用具，确保其处于正常状态	2	未指定专人保管或未全部定期校验维护的，不得分；未定期校验和维护的，每次扣1分；校验和维护记录未存档保存的，不得分
		指定专人负责职业健康的日常监测及维护监测系统处于正常运行状态	3	未指定专人负责的，不得分；人员不能胜任的（含无资格证书或未经专业培训的），不得分；日常监测每缺少一次，扣1分；监测装置不能正常运行的，每处扣1分
		工作场所操作人员每天连续接触噪声的时间、接触碰撞和冲击等的脉冲噪声，应符合《工业企业设计卫生标准》(GBZ1) 的规定	2	工作场所操作人员每天连续接触噪声的时间、接触碰撞和冲击等的脉冲噪声不符合《工业企业设计卫生标准》的规定，一处扣1分；未进行噪声检测的，扣1分
		积极采取防止噪声的措施，消除噪声危害。达不到噪声标准的作业场所，作业人员应佩戴防护用具	2	对高噪声场所没有防止噪声措施的，扣1分；达不到噪声标准的作业场所，作业人员没有佩戴防护用具，扣1分
		作业场所放射性物质的允许剂量不应超过《电离辐射防护与辐射源安全基本标准》(GB 18871) 的标准。使用放射性核素时，应遵守《辐射防护规定》(GB 8703) 的规定	2	作业场所放射性物质的允许剂量超过《电离辐射防护与辐射源安全基本标准》的标准的，扣1分；使用放射性核素时，不遵守《辐射防护规定》的规定，扣1分
	职业危害告知和警示	与从业人员订立劳动合同（含聘用合同）时，应将工作过程中可能产生的职业危害及其后果、职业危害防护措施和待遇等如实以书面形式告知从业人员，并在劳动合同中写明	3	未书面告知的，不得分；告知内容不全的，每缺一项内容，扣1分；未在劳动合同中写明的（含未签合同的），不得分；劳动合同中写明内容不全的，每缺一项内容，扣1分

续表 7-1

考评类目	考评项目	考评内容	标准分值	考评办法
十、职业健康	职业危害告知和警示	对员工及相关方宣传和培训生产过程中的职业危害、预防和应急处理措施	2	无培训及记录的，不得分；培训无针对性或缺失内容的，每次扣1分；员工及相关方不清楚的，每人次扣1分
		对存在严重职业危害的作业岗位，按照《工作场所职业病危害警示标识》（GBZ 158）要求，在醒目位置设置警示标志和警示说明	2	未设置标志的，不得分；缺少标志的，每处扣1分；标志内容（含职业危害的种类、后果、预防以及应急救治措施等）不全的，每处扣1分
		使用放射性同位素的单位，应建立和健全放射性同位素保管、领用和消耗登记等制度。放射性同位素应存放在专用的安全贮藏处所	2	使用放射性同位素的单位，没有建立健全放射性同位素保管制度的，扣1分；没有领用和消耗登记制度的，一处扣1分；放射性同位素未存放在专用的安全贮藏处所的，扣1分
	职业危害申报	按规定，及时、如实地向当地主管部门申报生产过程存在的职业危害因素	2	未申报材料的，不得分；申报内容不全的，每缺少一类扣2分
		下列事项发生重大变化时，应向原申报主管部门申请变更： （1）新、改、扩建项目； （2）因技术、工艺或材料等发生变化导致原申报的职业危害因素及其相关内容发生重大变化； （3）企业名称、法定代表人或主要负责人发生变化	3	未申报的，不得分；每缺少一类变更申请的，扣2分
十一、应急救援	应急机构和队伍	建立事故应急救援制度	2	无该项制度的，不得分；制度内容不全或针对性不强的，扣1分
		按相关规定建立安全生产应急管理机构或指定专人负责安全生产应急管理工作	2	没有建立机构或专人负责的，不得分；机构或专人未及时调整的，每次扣1分
		建立与本单位生产安全特点相适应的专兼职应急救援队伍或指定专兼职应急救援人员	2	未建立队伍或指定专兼职人员的，不得分；队伍或人员不能满足要求的，不得分
		定期组织专兼职应急救援队伍和人员进行训练	2	无训练计划和记录的，不得分；未定期训练的，不得分；未按计划训练的，每次扣1分；训练科目不全的，每项扣1分；救援人员不清楚职能或不熟悉救援装备使用的，每人次扣1分
	应急预案	按应急预案编制导则，结合企业实际制定生产安全事故应急预案，包括综合预案、专项应急预案和处置方案	2	无应急预案的，不得分；应急预案的格式和内容不符合有关规定的，不得分；无重点作业岗位应急处置方案或措施的，不得分；未在重点作业岗位公布应急处置方案或措施的，每处扣1分；有关人员不熟悉应急预案和应急处置方案或措施的，每人次扣1分
		生产安全事故应急预案的评审、发布、培训、演练和修订应符合《生产安全事故应急预案管理办法》（国家安全监管总局令第17号）	2	未定期评审或无有关记录的，不得分；未及时修订的，不得分；未根据评审结果或实际情况的变化修订的，每缺一项，扣1分；修订后未正式发布或培训的，扣1分
		根据有关规定将应急预案报当地主管部门备案，并通报有关应急协作单位	2	未进行备案的，不得分；未通报有关应急协作单位的，每个扣1分

考评类目	考评项目	考 评 内 容	标准分值	考 评 办 法
十一、应急救援	应急设施装备物资	按应急预案的要求，建立应急设施，配备应急装备，储备应急物资	2	每缺少一类，扣1分
		对应急设施、装备和物资进行经常性的检查、维护、保养，确保其完好可靠	2	无检查、维护、保养记录的，不得分；每缺少一项记录的，扣1分；有一处不完好、可靠的，扣1分
	应急演练	按规定组织生产安全事故应急演练	2	未进行演练的，不得分；无应急演练方案和记录的，不得分；演练方案简单或缺乏执行性的，扣1分；高层管理人员未参加演练的，每次扣1分
		对应急演练的效果进行评估	2	无评估报告的，不得分；评估报告未认真总结问题或未提出改进措施的，扣1分；未根据评估的意见修订预案或应急处置措施的，扣1分
	事故救援	发生事故后，应立即启动相关应急预案，积极开展事故救援	2	未及时启动的，不得分；未达到预案要求的，每项扣1分
		应急结束后应编制应急救援报告	2	无应急救援报告的，不得分；未全面总结分析应急救援工作的，每缺一项，扣1分
十二、事故报告调查和处理	事故报告	建立事故的管理制度，明确报告、调查、统计与分析、回顾、书面报告样式和表格等内容	2	无该项制度的，不得分；制度与有关规定不符的，扣1分；制度中每缺少一项内容，扣1分
		发生事故后，主要负责人或其代理人应立即到现场组织抢救，采取有效措施，防止事故扩大	2	有一次未到现场组织抢救的，不得分；有一次未采取有效措施，导致事故扩大的，不得分
		按规定及时向上级单位和有关政府部门报告，并保护事故现场及有关证据	2	未及时报告的，不得分；未有效保护现场及有关证据的，不得分；报告的事故信息内容和形式与规定不相符的，扣1分
		对事故进行登记管理	2	无登记记录的，不得分；登记管理不规范的，每次扣1分
	事故调查和处理	按照相关法律法规、管理制度的要求，组织事故调查组或配合有关政府行政部门对事故、事件进行调查	2	无调查报告的，不得分；未按"四不放过"原则处理的，不得分；调查报告内容不全的，每次扣2分；相关的文件资料未整理归档的，每次扣2分
		按照《企业职工伤亡事故分析规则》(GB 6442)定期对事故、事件进行统计、分析	2	未统计分析的，不得分；统计分析不符合规定的，扣1分；未向领导层汇报结果的，扣1分
	事故回顾	对本单位的事故及其他单位的有关事故进行回顾、学习	2	未进行回顾的，不得分；有关人员对原因和防范措施不清楚的，每人次扣1分
十三、绩效评定和持续改进	绩效评定	建立安全生产标准化绩效评定的管理制度，明确对安全生产目标完成情况、现场安全状况与标准化条款的符合情况及安全管理实施计划落实情况的测量评估方法、组织、周期、过程、报告与分析等要求，测量评估应得出可量化的绩效指标	2	无该项制度的，不得分；制度中每缺少一项要求的，扣1分；制度缺乏操作性和针对性的，扣1分

考评类目	考评项目	考评内容	标准分值	考评办法
十三、绩效评定和持续改进	绩效评定	通过评估与分析，发现安全管理过程中的责任履行、系统运行、检查监控、隐患整改、考评考核等方面存在的问题，由安全生产委员会或安全领导机构讨论提出纠正、预防的管理方案，并纳入下一周期的安全工作实施计划中	2	未进行讨论且未形成会议纪要的，不得分；纠正、预防的管理方案，未纳入下一周期实施计划的，扣1分
		每年至少一次对安全生产标准化实施情况进行评定，并形成正式的评定报告。发生死亡事故后或生产工艺发生重大变化后，应重新进行评定	2	少于每年一次评定的，扣1分；无评定报告的，不得分；主要负责人未组织和参与的，不得分；评定报告未形成正式文件的，扣1分；评定中缺少元素内容或其支撑性材料不全的，每个扣1分；未对前次评定中提出的纠正措施的落实效果进行评价的，扣2分；发生死亡事故后或生产工艺发生重大变化后未及时重新进行安全标准化系统评定的，不得分
		将安全生产标准化工作评定报告向所有部门、所属单位和从业人员通报	2	未通报的，不得分；抽查发现有关部门和人员对相关内容不清楚的，每人次扣1分
		将安全生产标准化实施情况的评定结果，纳入部门、所属单位、员工年度安全绩效考评	2	未纳入年度考评的，不得分；评定结果纳入年度考评每少一项，扣1分；年度考评每少一个部门、单位、人员的，扣1分；年度考评结果未落实到部门、单位、人员的，每项扣1分
	持续改进	根据安全生产标准化的评定结果和安全预警指数系统，对安全生产目标与指标、规章制度、操作规程等进行修改完善，制定完善安全生产标准化的工作计划和措施，实施计划、执行、检查、改进（PDCA）循环，不断提高安全绩效	2	未进行安全标准化系统持续改进的，不得分；未制定完善安全标准化工作计划和措施的，扣1分；修订完善的记录与安全标准化系统评定结果不一致的，每处扣1分
		安全生产标准化的评定结果要明确下列事项： （1）系统运行效果； （2）系统运行中出现的问题和缺陷，所采取的改进措施； （3）统计技术、信息技术等在系统中的使用情况和效果； （4）系统中各种资源的使用效果； （5）绩效监测系统的适宜性以及结果的准确性； （6）与相关方的关系	2	安全生产标准化的评定结果要明确的事项缺项，或评定结果与实际不符的，每项扣1分

依法生产的烧结企业，在考核年度内未发生较大及以上生产安全事故的，可以参加安全生产标准化等级考评。

在上述评定标准表中的自评、评审描述列中，企业及评审单位应根据评定标准的有关要求，针对企业实际情况，如实进行得分及扣分点说明、描述，并在自评扣分点及原因说明汇总表中逐条列出。标准中累计扣分的，直到该考评内容分数扣完为止，不得出现负分。根据上述标准评定得分，最终标准化得分换算成百分制。换算公式如下：

标准化得分（百分制）＝标准化工作评定得分÷（参与考评内容分数之和）×100。最后得分采用四舍五入，取小数点位后一位数。

标准化等级共分为一级、二级、三级，其中一级为最高。评定所对应的等级应同时满足标准化得分和安全绩效要求，取其中较低的等级确定最后标准化等级（见表7-2）。

表7-2　确定最后标准化等级

评定等级	标准化得分	安 全 绩 效
一级	≥90	考核年度内无生产安全死亡事故
二级	≥75	考核年度内未发生一次死亡两人或累计死亡两人的生产安全事故
三级	≥60	考核年度内未发生较大事故或累计死亡三人及以上的生产安全事故

烧结企业安全生产标准化考评程序、有效期、等级证书和牌匾等按照《冶金企业安全标准化考评办法（试行）》（安监总管一〔2008〕23号）中第六至十条的有关要求执行。

参 考 文 献

[1] 李克荣. 安全生产管理知识[M]. 北京：中国大百科全书出版社，2011.

[2] 杨富. 冶金安全生产技术[M]. 北京：煤炭工业出版社，2010.

[3] 李运华. 安全生产事故隐患排查实用手册[M]. 北京：化学工业出版社，2012.

[4] 刘国财. 安全科学概论[M]. 北京：中国劳动出版社，1998.

[5] 刘德辉. 应急处置必读[M]. 北京：中国工人出版社，2009.

[6] 邵明天. 炼钢厂生产安全知识[M]. 北京：冶金工业出版社，2011.

[7] 袁乃收. 冶金煤气安全实用知识[M]. 北京：冶金工业出版社，2013.

冶金工业出版社部分图书推荐

书 名	作 者	定价（元）
钢铁冶金原理（第4版）（本科教材）	黄希祜 编	82.00
冶金与材料热力学（本科教材）	李文超 等编	65.00
冶金传输原理（本科教材）	刘 坤 等编	46.00
冶金传输原理习题集（本科教材）	刘忠锁 等编	10.00
冶金热工基础（本科教材）	朱光俊 主编	36.00
钢铁冶金原燃料及辅助材料（本科教材）	储满生 主编	59.00
铁矿粉烧结原理与工艺（本科教材）	龙红明 编	28.00
现代冶金工艺学（钢铁冶金卷）（本科国规教材）	朱苗勇 主编	49.00
钢铁冶金学（炼铁部分）（第3版）（本科教材）	王筱留 主编	60.00
钢铁冶金学教程（本科教材）	包燕平 等编	49.00
炼铁学（本科教材）	梁中渝 主编	45.00
炼钢学（本科教材）	雷 亚 等编	42.00
炉外精炼教程（本科教材）	高泽平 主编	40.00
连续铸钢（本科教材）	贺道中 主编	30.00
钢铁模拟冶炼指导教程（本科教材）	王一雍 等编	25.00
能源与环境（本科国规教材）	冯俊小 主编	35.00
冶金设备及自动化（本科教材）	王立萍 等编	29.00
炼铁厂设计原理（本科教材）	万 新 主编	38.00
炼钢厂设计原理（本科教材）	王令福 主编	29.00
物理化学（第2版）（高职高专国规教材）	邓基芹 主编	35.00
无机化学（高职高专教材）	邓基芹 主编	36.00
煤化学（高职高专教材）	邓基芹 主编	25.00
冶金专业英语（第2版）（高职高专国规教材）	侯向东 主编	36.00
冶金原理（高职高专教材）	卢宇飞 主编	36.00
冶金基础知识（高职高专教材）	丁亚茹 主编	36.00
金属材料及热处理（高职高专教材）	王悦祥 等编	35.00
烧结矿与球团矿生产（高职高专教材）	王悦祥 主编	29.00
烧结矿与球团矿生产实训（高职高专教材）	吕晓芳 等编	36.00
炼铁技术（高职高专国规教材）	卢宇飞 主编	29.00
炼铁工艺及设备（高职高专教材）	郑金星 主编	49.00
高炉冶炼操作与控制（高职高专教材）	侯向东 主编	49.00
高炉炼铁设备（高职高专教材）	王宏启 主编	36.00
高炉炼铁生产实训（高职高专教材）	高岗强 等编	35.00
铁合金生产工艺与设备（第2版）（高职高专国规教材）	刘 卫 主编	39.00
炼钢工艺及设备（高职高专教材）	郑金星 等编	49.00
连续铸钢操作与控制（高职高专教材）	冯 捷 等编	39.00
矿热炉控制与操作（第2版）（高职高专国规教材）	石 富 主编	39.00
稀土冶金技术（第2版）（高职高专国规教材）	石 富 主编	39.00